Notion AI
办公+学习+生活
笔记入门与实战

周贤——编著

人民邮电出版社
北京

图书在版编目（CIP）数据

Notion AI 办公+学习+生活笔记入门与实战 / 周贤编著. -- 北京 : 人民邮电出版社, 2025. -- ISBN 978-7-115-66172-2

I. TP18

中国国家版本馆 CIP 数据核字第 2025A6M910 号

内 容 提 要

本书以 Notion 为操作平台，通过实例讲解如何应用 Notion 和 Notion AI 来辅助完成任务，以帮助读者提高工作、学习效率和更好地规划生活。

本书采用"功能讲解+实训案例"的模式编写。在功能讲解部分，本书通过实战案例详细介绍 Notion 的基础功能和三大核心元素（块、页面、数据库），以及 Notion AI 的使用方法。在实训案例部分，通过列举工作方向、学习方向和生活方向的真实案例，阐述 Notion 和 Notion AI 在实际应用中的使用思路和操作流程。

Notion 具有广泛的适用性，不局限于书中所讲的应用领域，希望读者在学习过程中能够举一反三，将所学内容应用到实际场景，学以致用。书中案例均配有教学视频，读者可以在线观看进行学习。

本书适合运营人员、策划人员等有文案写作需求的读者，高校师生，以及对 AI 技术感兴趣的读者阅读。

◆ 编　著　周　贤
　　责任编辑　王　冉
　　责任印制　陈　犇

◆ 人民邮电出版社出版发行　北京市丰台区成寿寺路 11 号
　　邮编 100164　电子邮件 315@ptpress.com.cn
　　网址 https://www.ptpress.com.cn
　　临西县阅读时光印刷有限公司印刷

◆ 开本：700×1000　1/16
　　印张：12.25　　　　　　　2025 年 5 月第 1 版
　　字数：313 千字　　　　　　2025 年 5 月河北第 1 次印刷

定价：69.80 元

读者服务热线：(010)81055410　印装质量热线：(010)81055316
反盗版热线：(010)81055315

前言

Notion是一款操作方便且界面简洁的笔记软件，其传统应用包括撰写文章、文案、日记、笔记、工作总结和会议记录等各类文本。Notion AI的推出，颠覆了人们对笔记软件的认知。除了传统的文档编写和表格制作等办公应用外，Notion AI还提供了AI功能以简化相关操作。

需要注意的是，Notion和Notion AI的真正意义在于整合和优化工作流。本书介绍的内容均属于方法论，读者学习后可以将其延展应用到各个领域。

全书共10章，具体内容如下。

第1章 认识Notion和Notion AI：介绍Notion和Notion AI的相关概念、用途，并提供一些学习建议。

第2章 Notion界面：介绍Notion界面，包括工作区、编辑区、补充功能等，使读者对Notion有一个基本认识，为后续的学习和操作打下基础。

第3章 Notion的三大元素：介绍Notion的三大元素，即块、页面和数据库，使读者了解Notion的核心功能和操作方法。

第4章 块的操作技巧和应用：介绍块的相关知识，包括常用块和块的基础操作。

第5章 页面的操作技巧和应用：介绍页面的相关知识，包括页面的新建和转换、为页面添加内容、在文本块中插入图标、嵌套页面和页面跳转。

第6章 数据库的操作技巧和应用：介绍数据库的相关知识，包括了解数据库、数据库的展示模式、创建数据库和制作本周读书计划表。

第7章 Notion AI的操作技巧：介绍Notion AI的相关知识，包括Notion AI的使用方法，Notion AI的创作板块、消化板块、改编板块，Notion的AI块和数据库中的AI。

第8章 工作方向实训案例：介绍Notion在工作中的应用实践，使读者能够在实际工作中使用Notion AI提高工作效率。

第9章 学习方向实训案例：介绍Notion在学习中的应用实践，帮助读者利用Notion AI使学习更加科学、高效。

第10章 生活方向实训案例：介绍Notion在生活中的应用实践，帮助读者使用Notion AI辅助完成生活中的各项事务。

感谢在本书编写过程中提供帮助的相关编辑。由于AI功能更新较快，书中内容可能与读者阅读时的情况有所不同，但Notion的核心功能是基本不变的。读者可以将本书作为参考，结合实际Notion版本进行学习。如果书中存在疏漏，欢迎读者批评并指正。

编者
2025年2月

目录

第1章 认识Notion和Notion AI 007

1.1 Notion与Notion AI 008
- 1.1.1 Notion是什么 008
- 1.1.2 Notion AI能做什么 008
- 1.1.3 Notion AI与ChatGPT的区别............ 009

1.2 除了办公，Notion和 Notion AI的其他用途 009
- 1.2.1 赋能学习 009
- 1.2.2 赋能生活 009

1.3 学习建议 009
- 1.3.1 明确Notion AI的定位 010
- 1.3.2 明确学习方向 010

第2章 Notion界面 011

2.1 Notion界面介绍 012
2.2 工作区介绍 013
- 2.2.1 Search 013
- 2.2.2 Inbox 013
- 2.2.3 Settings & members 014
- 2.2.4 工作区文件夹 015
- 2.2.5 Calendar 016
- 2.2.6 Create a teamspace 016
- 2.2.7 Templates 017
- 实战：模板应用操作 017
- 2.2.8 Import 019
- 2.2.9 Trash 019

2.3 编辑区介绍 020
- 实战：编辑页面 020

2.4 补充功能介绍 022
- 2.4.1 Edited × × ago 022
- 2.4.2 Share 022
- 2.4.3 评论 024
- 2.4.4 历史动作 024
- 2.4.5 收藏夹 025
- 实战：收藏页面 025
- 2.4.6 编辑 026

第3章 Notion的三大元素 027

3.1 Block 028
- 3.1.1 什么是块 028
- 3.1.2 块的类型 028
- 实战：使用块 029

3.2 Page 030
3.3 Database 031
- 实战：创建数据库 031

第4章 块的操作技巧和应用 033

4.1 常用块 034
- 4.1.1 基础块 034

实战：制作嵌套页面 035	4.2 块的基础操作 052
实战：编辑表格 037	4.2.1 新建块 052
实战：实现页面跳转功能 042	4.2.2 移动块 052
4.1.2 Media 044	4.2.3 框选块 052
实战：编辑图片 044	4.2.4 自由排版 053
4.1.3 Inline 048	4.2.5 文本通用操作 054
实战：制作日期备忘录 050	实战：进行文案层级划分 054

第5章 页面的操作技巧和应用 055

5.1 页面的新建和转换 056	5.2.3 添加评论 061
5.1.1 新建页面 056	5.3 在文本块中插入图标 062
5.1.2 转换为真正的空白页面 057	5.4 嵌套页面 063
5.2 为页面添加内容 057	5.5 页面跳转 065
5.2.1 添加图标 058	
5.2.2 添加封面 058	

第6章 数据库的操作技巧和应用 067

6.1 了解数据库 068	6.3.2 设置数据库视图 069
6.2 数据库的展示模式 068	6.4 制作本周读书计划表 072
6.3 创建数据库 069	6.4.1 明确目的 072
6.3.1 使用内嵌数据库创建 069	6.4.2 填写数据 073

第7章 Notion AI的操作技巧 077

7.1 Notion AI的使用方法 078	7.2.2 社交媒体的帖子 083
7.1.1 按Space键 078	7.3 Notion AI的消化板块 084
7.1.2 使用Ask AI命令 079	7.3.1 总结 084
7.1.3 按"/"键 079	7.3.2 查找操作项 086
7.1.4 基础问答 080	7.3.3 翻译 087
7.2 Notion AI的创作板块 081	7.3.4 解析 089
7.2.1 头脑风暴 082	7.4 Notion AI的改编板块 090

目录

7.4.1 优化写作 090
7.4.2 修复拼写和语法 091
7.4.3 短一点和长一点 092
7.4.4 改变语调 093
7.4.5 简化语言 096

7.5 Notion的AI块 096
7.5.1 摘要 097
7.5.2 行动项目 099
7.5.3 自定义AI块 100
7.6 数据库中的AI 101

第8章 工作方向实训案例 103

8.1 开启文案创意头脑风暴 104
8.2 写商务邮件 107
8.3 整理会议记录 110
8.4 抓取和整理行业资讯 113
8.5 制作招聘信息 115
8.6 制作数据统计表 118
8.7 制作工作目标计划书 122
8.8 制作公司日程安排表 129
8.9 使用AI辅助编写工作总结 133
8.10 自媒体选题灵感库 135

第9章 学习方向实训案例 139

9.1 搭建个人图书馆 140
9.1.1 制作图书馆数据库 141
9.1.2 制作图书详情页 147
9.1.3 使用过滤功能和设置视图 150
9.1.4 使用AI功能优化简介 155
9.2 搭建个人知识库 157
9.2.1 制作个人知识库的数据库 158
9.2.2 制作知识点的详情页 159
9.3 辅助学习外语 160
9.4 制作学年目标计划书 161
9.5 学习与娱乐时间的分配 163
9.6 制作个人主页 165
9.7 使用AI辅助考试应急学习 168
9.8 知识扩展计划 168

第10章 生活方向实训案例 171

10.1 整合食谱 172
10.2 制作旅游计划 176
10.2.1 制作出行需求 177
10.2.2 制作出行攻略 180
10.3 制作健身计划书 181
10.4 个人兴趣管理 183
10.5 记录宝宝成长 185
10.6 制作营养饮食计划 187
10.7 制作个人藏品集 190
10.8 制作"购物排雷宝典" 193

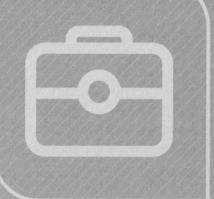

第 1 章 认识 Notion 和 Notion AI

Notion的定义并不仅限于笔记软件。众多未曾体验Notion的用户可能认为市面上的笔记软件功能大同小异，且手机、计算机自带的备忘录、记事本足以应对日常记录的需求，无须专门学习特定笔记软件。但Notion以其独特的功能集合和灵活性，区别于传统的笔记工具，提供了更为高效和系统的信息管理解决方案。本章将带领读者了解Notion和Notion AI。

1.1 Notion与Notion AI

在浏览Notion教程时，可能经常会看到"一旦开始使用Notion，便无法放弃"这样的说法。实际上，笔者也深深感受到了它的便利。在此，笔者不将Notion简单归为一款笔记软件，而是将其视为一款适用于办公、生活、学习等场景的综合性工具平台。Notion AI是嵌入Notion的功能模块。

1.1.1 Notion是什么

Notion的功能极为丰富，它不仅能够用来做笔记，还能用来创建表格、规划待办事项、安排行程、构建资料库、管理项目等。其实用性完全取决于用户的需求，因为Notion提供了极高的自由度和强大的功能，不像其他笔记软件那样局限于特定的使用场景。例如，传统的笔记软件中，某些界面是预设模块，专门用于记录笔记的界面就不能用来进行数据管理，而专门用于数据管理的界面又不能用来记录笔记，这是典型的框架限制。

Notion秉持"All in One"的核心理念，打破了传统应用的框架限制，使用户能够非常自由地在多种场景下使用。

1.1.2 Notion AI能做什么

Notion AI究竟是什么？它是一个嵌入在Notion平台内的与ChatGPT类似的人工智能（Artificial Intelligence，AI）工具。在未融合AI技术之前，Notion已经是一个功能强大的平台。如今，随着AI技术的整合，Notion无疑在实用性方面更上了一个台阶。

对大多数人来说，AI技术并非日常必需，很少将其应用于工作，感觉AI潮流与自己无关，听得多而用得少。这主要是因为主流的AI技术通常针对特定专业、职业或领域。然而，Notion的AI功能使得更多普通用户可以将AI技术应用于日常生活中。Notion不要求用户具备特定专业背景，任何人都可以利用它来规划工作、学习和生活。

那么，Notion AI具体能够提供哪些功能呢？众所周知，ChatGPT是一款流行的智能聊天工具，能够回答用户的提问。Notion AI相当于Notion中内置的"ChatGPT"。

Notion AI能够协助用户撰写文章、回答问题、翻译、整理资料等，总而言之，它能够帮助用户节省大量时间。例如，当我们需要撰写某个主题的文案时，Notion AI不仅能够直接撰写完整的文案，还能够提供创意、调整文案长度，以及智能地纠正文案中的错误等。

1.1.3 Notion AI与ChatGPT的区别

ChatGPT是一款问答式AI工具,用户需通过提问来逐步获取所需答案。若想将ChatGPT集成到日常应用中,用户需在使用现有软件时打开ChatGPT,并通过提出问题来使用其服务,然后返回至原软件继续工作或书写。这相当于拥有一个邻近的AI助手,可随时咨询。

相较之下,Notion AI将AI助手与软件融为一体,专为Notion的工作流程设计。用户无须在不同软件间切换,可在Notion内完成所有工作流程。Notion AI不仅提供了类似ChatGPT的问答功能,还内置针对笔记的特定AI功能,无须通过问答形式激活。例如,Notion AI提供了文章摘要功能,用户只需单击即可提取摘要,无须提出"请帮我总结这篇文章"等请求。

1.2 除了办公,Notion和Notion AI的其他用途

在办公领域,Notion能够作为撰写工作总结的工具,还能用于构建工作日程安排,以及创建企业财务报表等。Notion AI的引入进一步提升了工作效率和生产力。下面介绍Notion和Notion AI的其他用途。

1.2.1 赋能学习

Notion可作为学习笔记的记录工具、课程表的编制平台,以及个人图书馆的构建系统,覆盖众多与学习相关的应用场景。Notion AI的引入进一步提升了学习的便捷性与效率,极大地增强了用户的学习效果。

1.2.2 赋能生活

在日常生活中,Notion可用于记录各类所需信息,例如菜谱、健身方案及兴趣爱好等。Notion AI的引入为用户带来了更加丰富的生活体验。

1.3 学习建议

对于Notion和Notion AI的学习,读者可以遵循以下两点。

1.3.1 明确Notion AI的定位

在讨论AI时，无论是Notion AI还是其他AI技术，一旦采用，就必须清晰地认识AI对个人或组织的辅助作用，绝不应有AI将淘汰某些职业或完全替代人类进行工作的观念。无论AI的发展速度有多快，人类始终是不可替代的。AI始终是人类的助手。

以Notion AI为例，其主要作用是帮助用户节省大量时间。然而，Notion AI并不能完全替代我们完成所有工作。如果我们需要撰写一份报告并提交给上级，会完全信任AI而不进行复核直接提交吗？一旦进行复核，就证明AI无法取代人类。

因此，AI仅仅是一个工具。我们应该学习如何利用这些工具，而不是完全依赖它。

1.3.2 明确学习方向

掌握Notion的核心模块至关重要，这将使您能够理解Notion的三大基本元素并灵活运用。不必强求自己逐一学习和记忆所有命令，根据个人需求选择性地学习和应用即可。常见的误区是试图掌握软件的每一个功能，然而在实际应用中，通常只会使用其中的一部分功能。

在掌握Notion的基础知识之后，再去尝试Notion AI是较为妥当的。Notion AI本身并不复杂，其实质上仅涉及几个简单的命令。因此，重点应放在深入理解和运用Notion上。Notion AI的引入，更多的是拓展了我们运用Notion的思维方式。

第 **2** 章

Notion界面

本章主要介绍Notion的界面,包括工作区、编辑区、补充功能等。通过本章的学习,读者可以对Notion有一个简单的认识,为后续的学习和操作打下基础。

2.1 Notion界面介绍

Notion界面如图2-1所示。观察可知,Notion界面采用英文展示。截至本书撰写时,Notion尚未推出中文版本。读者无须过分担忧,因为Notion的操作流程极为简便,即便是通过查询单词含义的方式进行学习,也能迅速掌握其使用方法。希望使用中文界面的读者,可以在开源平台寻求帮助,也可以直接使用浏览器翻译网页版界面。本书将基于Notion的英文界面进行讲解,并在遇到专业术语时提供中文翻译,以便读者学习。

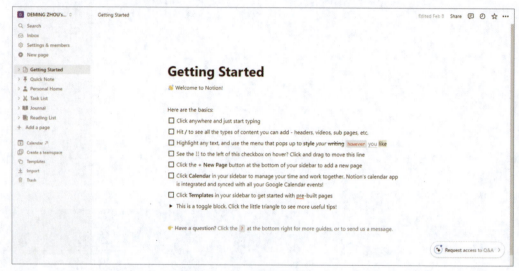

图2-1

Notion界面极为简洁,整体可分为3个区域,如图2-2所示。第1个区域为工作区,类似于常规软件中的菜单栏;第2个区域为Notion的页面编辑区;第3个区域包含一些补充功能。

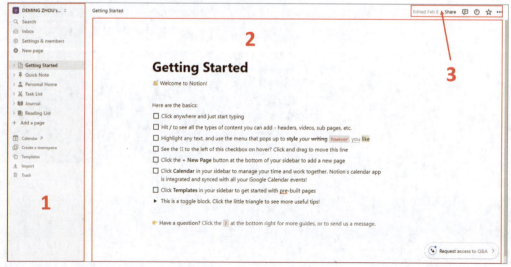

图2-2

2.2 工作区介绍

初次使用Notion时，可见左侧工作区呈现出图2-3所示的默认状态。目前，首要任务是对各项功能进行初步了解，以掌握整个工作区的基本用途。

工作区的顶部如图2-4所示，展示的是当前激活的账户。单击该区域，会打开一个菜单，如图2-5所示。在此菜单中，读者可选择创建工作账户（Create work account）、添加其他账户（Add another account）或执行登出操作（Log out）。简而言之，这些是典型的账户管理功能。Notion支持多账户登录，因此，读者可登录多个账户，并在此处轻松切换。

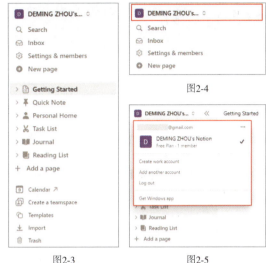

图2-3 图2-4 图2-5

技巧提示 多账户登录功能的需求取决于使用情境。用户通常设立一个私人账户以处理个人事务，并另设一个职业账户以便与同事进行沟通与协作。此外，部分用户可能会建立若干账户，用以管理不同类别的任务与项目。

2.2.1 Search

Search（搜索）功能如图2-6所示。单击Search后，会出现一个搜索面板，如图2-7所示。该面板将列出用户曾浏览过的页面。由于笔者使用的是新账户，故未显示任何历史记录。读者一旦创建笔记，便可通过搜索功能迅速定位相关笔记内容。即使笔记内容烦琐、杂乱无章，搜索功能也能帮助用户快速找到所需信息。

图2-6 图2-7

2.2.2 Inbox

Inbox（收件箱）功能如图2-8所示，Notion好友发来的信件会在这里显示，可以理解为Notion自带的邮箱。

图2-8

2.2.3 Settings & members

Settings & members（设置和成员）功能如图2-9所示，主要用于进行设定和添加成员等操作。

图2-9

单击Settings & members，会出现设置界面，如图2-10所示。当前界面默认显示People，在此可查看现有成员数量。由于笔者尚未添加其他成员，界面仅展示了一位成员，即笔者本人。单击右侧的Add members（添加成员）按钮 Add members ，可以增加新的团队成员。若已加入其他团队，则会显示该团队的其他成员。团队版的功能主要适用于多人协作编辑文件，例如编写会议记录和分享各自观点。对个人学习而言，了解这些功能即可。

图2-10

位于People下方的Upgrade（升级）功能用于升级账户，如图2-11所示。用户完成注册后，默认获得免费版账户。该界面允许用户根据需求升级至各种付费版。实际上，免费版已足以满足大多数用户的基本需求。

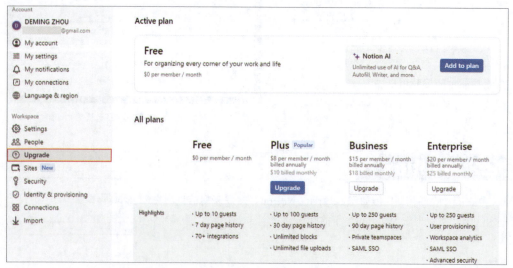

图2-11

Settings（设置）功能允许用户自定义工作区的相关信息，如用户名、头像等，如图2-12所示。此外，用户也可在此处配置个人主页、电子邮箱地址等信息。具体内容建议读者自行探索，以熟悉该平台的各项功能。

界面左上角有一系列与账户设置相关的选项，如图2-13所示。这些选项允许用户调整语言、时间及账户密码等内容。这部分内容较为直观，因此不展开叙述。未提及的设置项可以保持默认状态，因为它们在日常使用中很少需要修改。

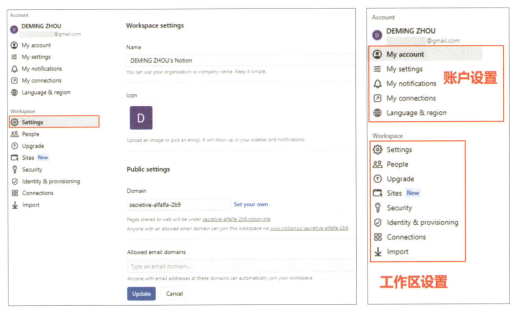

图2-12　　　　　　　　　　　　　　　　　　　　图2-13

2.2.4 工作区文件夹

图2-14中框选的区域相当于工作区文件夹。目前，暂时搁置对其的介绍，转而先行完成对系统部分的说明。

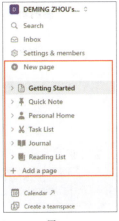

图2-14

2.2.5 Calendar

Calendar（日历）功能如图2-15所示，单击将展示Notion的日历界面，如图2-16所示。该日历是Notion内置功能，类似于智能手机中的日历应用。Notion为何嵌入日历功能？在深入理解数据库功能并创建日程表后，用户可以将各项活动数据整合至此日历中。打开Notion日历后，所有日程、待办事项及相关数据一览无余。Notion的早期版本并未设有独立的日历功能，仅提供了嵌入数据库的日历视图。独立日历的引入无疑增强了便捷性和视觉效果。对初学者而言，若感觉学习新功能太过吃力，可暂时搁置日历功能，待全面掌握Notion后再学习，以简化学习过程。

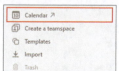

图2-15

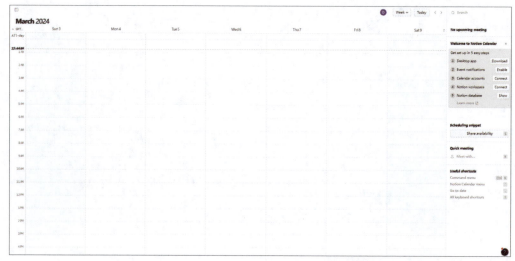

图2-16

2.2.6 Create a teamspace

Create a teamspace（创建团队工作区）功能如图2-17所示。单击将展示创建团队工作区的界面，如图2-18所示。在此界面中，用户可建立新的团队工作区，使团队成员能够协作编辑内容。

图2-17

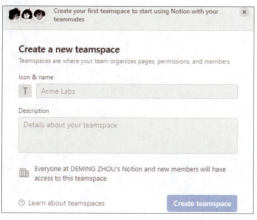

图2-18

2.2.7 Templates

Templates（模板）功能如图2-19所示，单击将打开模板选择界面，如图2-20所示。在此界面中，①区域为Notion内置模板的选择区域。用户选定一个模板后，该模板将在②区域展示，以便用户查看当前所选模板的具体样式。若要应用选中的模板，需单击③区域的Get template（获取模板）按钮。如果Notion内置模板无法满足需求，用户可单击④区域的More templates（更多模板），进入Notion的模板市场，以浏览和选择更多可用模板。

图2-19

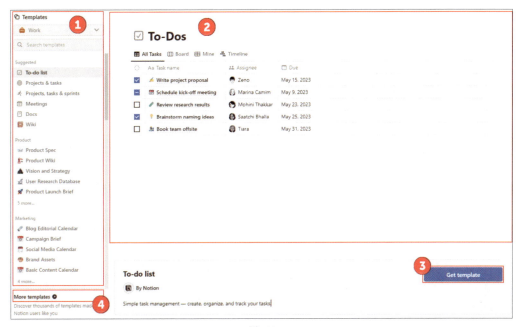

图2-20

类似主题的文档往往有一些类似的制式内容，重复创建会有些麻烦。因此，模板的存在显得尤为重要。例如，若计划制作一份旅游行程规划表，既可以从空白页面开始编辑，也可以直接下载一个现成的旅游行程规划模板并填入相关信息。在此，必须强调一个关键点：在学习过程中，应首先掌握Notion的基本操作。只有熟练掌握之后，才能利用模板提升工作效率。如果只会使用模板而不会进行编辑，那么将受到很多的限制。

实战：模板应用操作

在默认模板库中选择第一个To-do list（待办清单），并单击Get template按钮，如图2-21所示。这样工作区就会新增一个名为Tasks的页面，编辑区也会出现该模板，只需要在模板中修改数据即可，如图2-22所示。

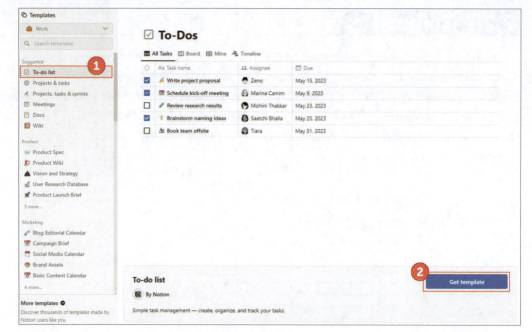

图2-21

图2-22

从Notion的模板市场导入所需模板。返回模板选择界面，单击More templates，如图2-23所示，进入模板市场，如图2-24所示。

图2-23

图2-24

模板市场中包含众多经过分类整理的模板，极大地方便了我们的使用。这些模板均由Notion的用户制作并分享，向所有人免费提供。例如，随便选择一个模板，在其右上角可以看到一个Get this template（获取这个模板）按钮，如图2-25所示。单击该按钮后，所选模板便会被导入Notion工作区中，如图2-26所示。此时，工作区便新增了一个模板页面，而在编辑区内能看到已导入的模板内容。

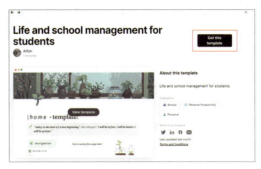

图2-25

图2-26

2.2.8 Import

Import（导入）功能如图2-27所示，单击Import后，系统将展示导入界面，如图2-28所示。该导入功能原本位于设置界面中，Notion为了便于用户访问，将其放至工作区。用户可将本地的Word文档导入Notion进行编辑和使用。Notion支持多种文件格式的导入，这极大地方便了跨平台工作者进行数据迁移和整合。

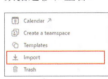

图2-27

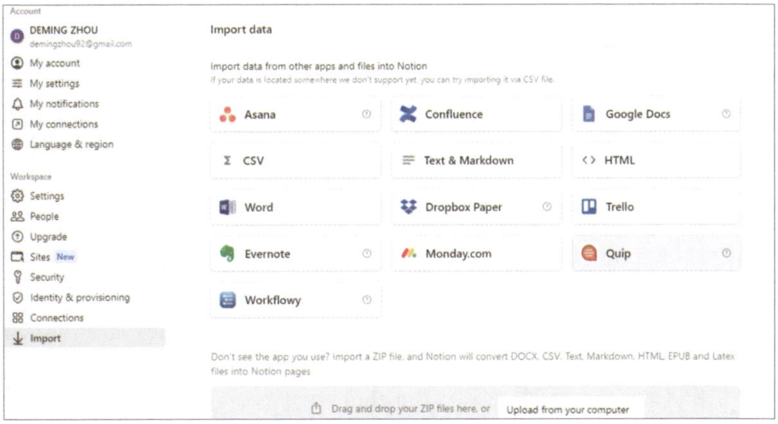

图2-28

2.2.9 Trash

Trash（垃圾桶）功能如图2-29所示，相当于计算机中的回收站，可以在这里找回删掉的页面。

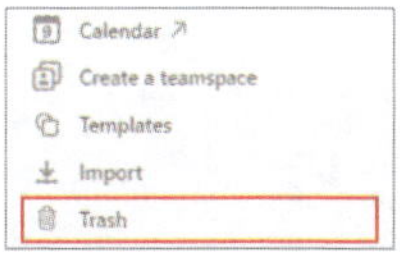

图2-29

2.3 编辑区介绍

工作区中当前选中的页面为Getting Started，如图2-30所示。在编辑区内，能够看到并编辑该页面的内容，自由地制作出所需的项目。在深入了解编辑区之前，我们先进行一项简单的操作。

注意红色框内的内容。其中，New page（新页面）和Add a page（添加一个页面）均用于创建新页面。其余部分主要是一些预设的基础模板。Notion为了简化操作流程，将这些常用模板集成至工作区。为了使界面更加简洁，便于学习，用户可以将这些模板删除。对英语能力较弱的读者而言，初次操作时每单击一处都会看到大量信息，由于不明白这些仅为模板，可能会误认为需要学习大量内容，从而感到信息量过大。

这些模板皆为页面模板，凡是名称前附带箭头符号">"的均为单独页面。这些页面均可进行编辑或删除操作，具体如图2-31所示。

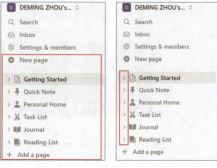

图2-30　　　　　图2-31

实战：编辑页面

下面演示编辑页面的相关操作。

01 删除页面。将鼠标指针悬停于页面名称旁边，将显示 ··· 图标和 + 图标，如图2-32所示。单击 ··· 图标，会出现一个菜单，选择Delete（删除）即可删除该页面，如图2-33所示。按照此方法将工作区自带的默认模板都删掉，如图2-34所示。

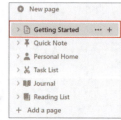 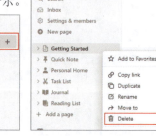 

图2-32　　　　　图2-33　　　　　图2-34

02 新建一个页面。单击Add a page，此时，工作区多了一个页面，名称为Untitled（未命名），编辑区则显示了一个空白的全新页面，如图2-35所示。

图2-35

> **技巧提示** 在Notion中，系统的构架主要有3个核心元素：页面、块以及数据库。目前呈现在我们面前的是一个空白页面，可在其中嵌入多个子页面，并且可以在这些子页面中进一步嵌入子页面，实现无限层级的嵌套。此外，每一个独立页面均由若干块和数据库结合而成。

03 当前页面处于空白状态，如图2-36所示。页面上的灰色文字为命令提示符，用于指示用户可执行的操作。该提示符亦充当系统默认提示，可忽略。若要隐藏此提示符，可单击Empty page（空白页）或在页面下方空白区域单击，如图2-37所示。

图2-36　　　　　　　　　　　　　　　图2-37

04 现在面对的便是一个真正的空白页面，每一个空白页面均默认配备一个标题，目前显示为Untitled。将鼠标指针移至灰色的Untitled文字上，单击，将其修改为"页面名字"，如图2-38所示。标题一经更改，便可观察到工作区内页面名称相应地发生变化，编辑区左上角的标志亦同步更新。

图2-38

> **技巧提示** 在标题下方有一行灰色文字提示，该提示是标准配置，旨在提示用户可通过按Space键激活AI功能，或者按"/"键调出菜单。实际上，编辑区的操作主要依赖这两个键来激活AI功能和命令输入功能。

05 单击正文空白部分，按"/"键激活命令输入功能，将会出现一个菜单，如图2-39所示。该菜单涵盖Notion平台能够创建的所有元素。

> **技巧提示** 该菜单极为详尽，涵盖所有内容，前文提及的数据库等各个模块均出现于此处。读者可通过按"/"键快速构建所需元素，并在此基础上进行定制化编辑，这便是Notion编辑区的基础操作。

图2-39

2.4 补充功能介绍

页面的右上角是一些补充功能，如图2-40所示。

图2-40

2.4.1 Edited ×× ago

灰色的文字显示的是多久之前编辑过内容。例如Edited 4m ago表示4分钟前编辑过内容。

2.4.2 Share

Share（分享）功能用于将现有的页面分享出去，分享界面如图2-41所示。

图2-41

该界面主要包括两项功能：Share（分享）与Publish（发布）。Share功能旨在将内容提供给其他用户，如团队成员，以便他们进行查看或协作编辑。Publish功能则允许用户将其页面发布在互联网上，以便网络用户进行访问。这里要注意的是一些权限的设置。

1.Share

Share界面如图2-42所示。①位置的Invite（邀请）按钮 Invite 用于邀请特定用户。邀请可通过搜索账户或电子邮件进行。②位置的Copy link（复制链接）用于复制链接，便于通过链接形式与他人分享。③位置用于设置分享方式，其默认设置为Invite only（仅邀请）。单击将打开一个菜单，如图2-43所示。该菜单提供3个访问权限选项，第1项仅限创建者及其邀请人访问，第2项允许被邀请者或持有链接的工作区成员访问，第3项则开放访问权限给所有工作区成员。

图2-42　　　　　　　　　　图2-43

在选择第2个或第3个分享选项后，用户可以为访问者设定相应的权限。例如，当前选择第3项时，所有工作区成员均可访问，如图2-44所示。目前显示仅有一位用户具有访问权限，这是因为该工作组仅包含一人。在界面右侧会发现Full access（完全访问），此处用于配置访问权限。单击将展开一个菜单，如图2-45所示。

图2-44

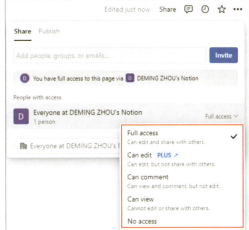

图2-45

Full access即未限制权限，访问者可以编辑内容并将其再次分享；Can edit（可以编辑）表示访问者有权编辑内容但无法分享；Can comment（可以评论）表示访问者可以查看和评论内容但无法进行编辑；Can view（可以查看）表示访问者仅能查看内容，无法编辑和分享；No access（没有权限）表示访问者无任何访问权限。

在团队协作中，权限配置至关重要。例如，编写报告时可能需要与部门同事共享以供其查阅。若在分享时不慎赋予了编辑权限，可能导致同事无意中修改或删除内容，从而产生不必要的困扰。因此，在设置权限时需格外谨慎。

2.Publish

Publish与Share不同。Share功能主要用于向特定用户展示内容，适用于团队合作场景。Publish功能则是将个人页面公开至互联网，供公众浏览。Publish界面如图2-46所示，默认处于未发布状态。要启用此功能，只需单击下方蓝色的Publish按钮 Publish 。一旦启用，界面将如图2-47所示，对外公开。

图2-46

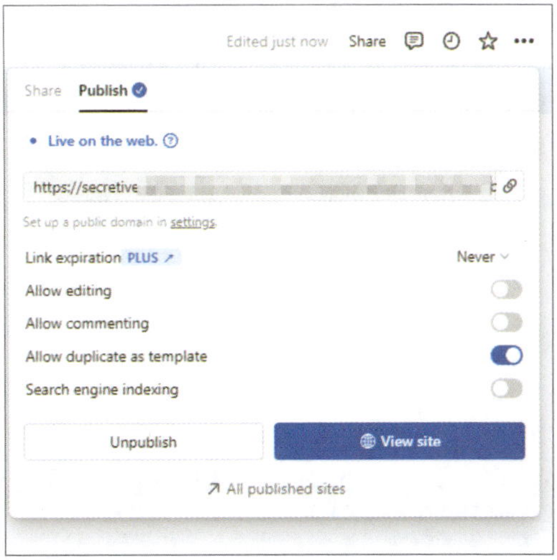

图2-47

顶部显示的以https开头的长链接为即将发布的网址。只需复制此链接，便可将页面发布至互联网，供所有人访问。中间部分则涉及发布权限的配置，如图2-48所示。

图2-48

在Notion中，默认情况下仅第4项功能处于激活状态。Link expiration（链接过期）表示可以在此设置链接的有效期限，默认设置为永久有效，蓝色的PLUS表明其为高级功能，需付费使用，即免费版Notion不支持此项的编辑；Allow editing（允许编辑）表示允许访问者对内容进行修改；Allow commenting（允许评论）表示允许访问者对内容发表评论；Allow duplicate as template（允许复制为模板）表示允许访问者将页面复制为模板使用；Search engine indexing（搜索引擎索引）启用后，页面内容能够被浏览器搜索引擎检索到。同样重要的是，在将内容分享至互联网时，务必注意权限设置的调整。

2.4.3 评论

Share旁边有个"评论"图标，如图2-49所示，单击后界面如图2-50所示。这就是评论区，分享出去的页面如果有人评论、留言，就会在这里显示。现在演示的是一个新的页面，所以并没有任何评论和留言。

图2-49　　　　　　　　　图2-50

2.4.4 历史动作

"评论"图标旁边有"时钟"图标，如图2-51所示，单击后界面如图2-52所示，之前做过的编辑动作会在这里显示。

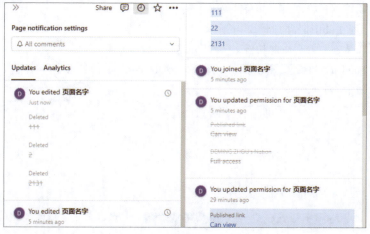

图2-51　　　　　　　　　图2-52

2.4.5 收藏夹

"时钟"图标⊙右边的"星号"图标☆相当于收藏夹。可以在任意的页面单击"星号"图标☆，将页面加入收藏夹。

实战：收藏页面

下面介绍如何收藏页面。

01 在工作区新建一个页面，并命名为AA，如图2-53所示。
02 现在工作区内存在两个页面。选定AA页面后，单击"星号"图标☆，将AA页面加入收藏夹，如图2-54所示。

图2-53　　　　　　　　　　　　　　　　图2-54

03 现在已将AA页面添加至收藏夹，其对应的"星号"图标☆变为黄色。工作区中出现一个标注为Favorites（收藏夹）的新入口，其中包含AA页面。同时，AA和"页面名字"两个页面将被自动归入名为Private（私人）的文件夹中，如图2-55所示。

图2-55

> **技巧提示** 随着创建的页面数量增加,将关键且频繁使用的页面加入收藏夹成为一项必要操作,这对资料整理极为有益。有效利用搜索功能和收藏夹功能可以显著提升我们的工作效率。

2.4.6 编辑

补充功能右侧有 ••• 图标,如图2-56所示。单击该图标会打开一个菜单,如图2-57所示。该菜单中的功能用得较少,仅需了解。其中常用的是菜单顶部的几项,即提供3种字体供用户选择。激活 Small text(小文本)选项,字体尺寸将减小;激活 Full width(完整宽度)选项,会使页面内容扩展至全屏,即页面将变得更宽。此外,Lock page(锁定页面)用于防止任何不期望的修改。至于菜单中的其他选项,基本上无须关注。

图2-56

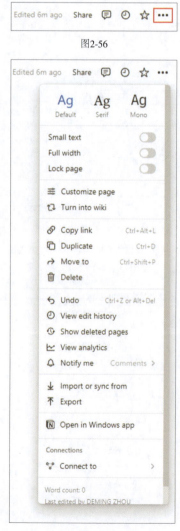

图2-57

第 **3** 章

Notion的三大元素

在使用Notion创建笔记之前,有必要了解Notion的三大元素,了解了它们,在后续的学习中就会更轻松,且操作起来也会更有逻辑性。本章内容主要包括块、页面和数据库的介绍。

3.1 Block

Block（块）是Notion的3个核心元素之一。为了解释"块"这一概念，先创建一个新页面。创建一个新页面并命名为AA，如图3-1所示，目前该页面是空白的，未包含任何内容。根据前面的内容可知，一旦页面被创建，其标题将显示在左侧的工作区中。将以此页面为基础进行讲解。

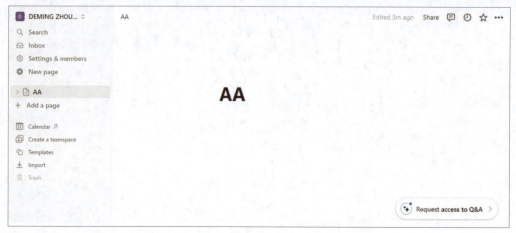

图3-1

3.1.1 什么是块

在页面内容制作过程中，块可视为基本的构件，通过不断组装这些构件来构建页面。当光标位于AA标题下方时，会显示一个灰色的+图标，旁边有⋮图标，以及相应的操作提示，如图3-2所示。

图3-2

3.1.2 块的类型

按"/"键可以唤出菜单，如图3-3所示。在菜单顶部可见"Basic blocks"（基础块）字样，包括Text（文本）、Page（页面）、To-do list（待办清单）、Heading 1(1级标题)等多种类型。这些可创建的元素即块。

图3-3

实战：使用块

下面创建两个块以演示块的作用。

01 创建一个Text块，然后输入"文本"，如图3-4所示。这样一个文本类型的块就放在AA这个页面中了。

02 创建一个文本块之后，若需添加新的块，可将光标移至现有文本块的下方。此时，屏幕上将显示+和∷图标，以及一条提示语，如图3-5所示。

图3-4　　　　　　　　　　　　　　　图3-5

03 按"/"键唤出菜单，选择To-do list，如图3-6所示，创建的待办清单如图3-7所示。在待办清单的复选框后输入"需办事情A"，如图3-8所示。

图3-6　　　　　　　　　　　　　　　图3-8

图3-7

> **技巧提示**　页面中已新增两个块。当鼠标指针悬停在这些块上时将显示 + 图标和∷图标。+ 图标的功能是在当前块下方添加一个新块，∷图标则用于移动现有块，如图3-9所示。

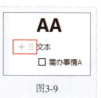

图3-9

04 单击文本块前面的 + 图标，弹出的菜单与按"/"键唤出的菜单相同，用于新建各种各样的块，如图3-10所示。这里新建一个文本块，命名为"文本2"，如图3-11所示。

图3-10

图3-11

05 将鼠标指针移至"文本"一词前的 图标上，拖曳该文本块，将其置于底部，如图3-12所示。

图3-12

> **技巧提示** 在Notion中，可以灵活地编辑与移动块。Notion内含丰富的基础块、高级块和人工智能块。对于一般的文档处理工作，基础块足以满足需求。我们需要做的，便是利用这些基础块逐一构建出所需的页面。

3.2 Page

在Notion中，Page（页面）为内容的基本单位，类似于网站中的各个独立页面。用户创建的新页面将在界面左侧的工作区中显示。Notion的页面具有很强的互联性，允许页面跳转和嵌套。在单一页面内部，用户可以继续添加子页面，形成层次化的结构。此外，页面由多种类型的块组成，用户可以在这些块内进行编辑，实现个性化定制。

> **技巧提示** 关于页面的内容，主要涉及具体操作，后面会进行详细介绍，这里读者了解其构成即可。

3.3 Database

回到AA页面，如图3-13所示。使用"/"键调出菜单，向下滚动至Database（数据库）处，如图3-14所示。在此处可浏览Notion支持创建的所有数据库类型。实际上，Notion应用的核心功能即在页面内组合不同的块与数据库，关键在于如何巧妙地进行组合。

图3-13　　　　　　　　图3-14

实战：创建数据库

下面展示表格视图数据库的创建过程。

01 选择Table View（表格视图），如图3-15所示。

图3-15

02 单击右侧的New database（新建数据库），如图3-16所示。至此成功创建了一个表格视图数据库，如图3-17所示。

图3-16

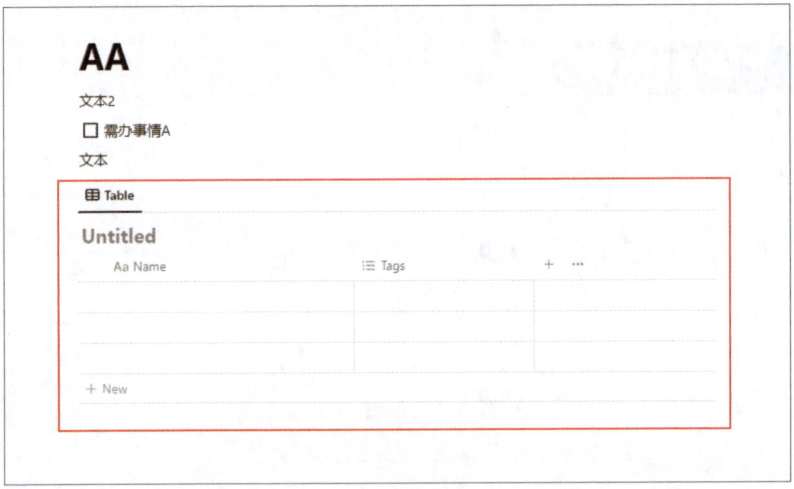

图3-17

> **技巧提示** 此页面由3个基础块和一个数据库构成。将鼠标指针悬停在数据库前，可以将其随意移动。数据库的作用很多。例如，当需要创建日程表或整理公司的财务数据时，就需借助数据库。当然，也可以将数据库视为一种较为复杂的块。
>
> 若将页面视作一台机器，则可将块比作机器中的简单部件，如螺丝钉和钢管；数据库则相当于机器中的核心部件，如发动机和芯片。块和数据库都必须安装在页面这台"机器"内。实际上，用何种比喻并不重要，关键是要清晰理解这三大元素之间的关系。掌握Notion的关键，在于精通这三大元素的运用。

第 **4** 章

块的操作技巧和应用

本章主要介绍块的操作技巧和应用，主要内容包括常用块、块的基础操作。

4.1 常用块

本节将介绍Notion中的常用块。用户可通过按"/"键调出菜单,从中选择并创建各种块,如图4-1~图4-3所示。

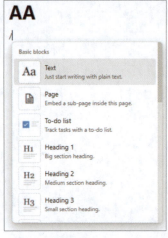

图4-1

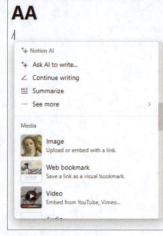

图4-2

图4-3

Notion提供了众多创作元素,然而并非所有功能都会在日常生活中频繁使用。关键在于掌握软件的实际应用,而非纠结于所有功能的学习。在此基础上应专注于基础元素的熟练运用,基础元素足以满足大部分需求。但除了基础元素,也有部分高级元素是必须掌握的。接下来将对这些元素进行详细介绍。

4.1.1 基础块

按"/"键调出菜单,第1个部分就是基础块,如图4-4所示。

图4-4

1. Text

文本块如图4-5所示。通常，用户无须特意按"/"键调出菜单来选择文本块，因为在不选择任何块的情况下，系统默认为文本输入模式。用户可以直接在空白块中输入文本，如图4-6所示。

2. Page

Page就是页面，使用该块可以在当前的页面中新建一个页面，即嵌套页面，如图4-7所示。

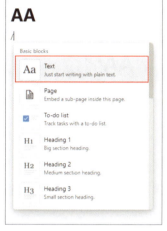

图4-5

图4-6

图4-7

实战：制作嵌套页面

下面介绍如何制作嵌套页面。

01 选择Page后，系统将展示一个新的页面，如图4-8所示。当前显示的是在AA页面内新建的空白页面，页面的左上角展示了页面的层级关系。

图4-8

02 将这个新空白页面的名称修改为BB，修改后的效果如图4-9所示。

03 单击页面左上角标注为AA的链接，可返回至AA页面。返回后的AA页面新增了一个名为Page的块，如图4-10所示。单击该块，便能再次进入BB页面并进行编辑。

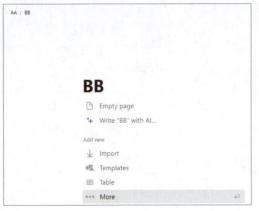

图4-9

图4-10

3.To-do list

选择To-do list，如图4-11所示，将创建一个待办清单块。该块配有可勾选的复选框，在复选框右侧可输入文本，在此输入"待办事情1"，如图4-12所示。待办清单主要用于编排备忘事项，例如，若需处理5项任务，将它们混合进行可能会导致记忆混乱，进而影响工作效率。因此，可以利用此功能创建5个待办清单，如图4-13所示。

在完成任务后，可勾选相应项目的复选框，以清晰、有序地记录进度。被勾选的项目将以灰色字体显示，并且添加一条删除线，如图4-14所示。

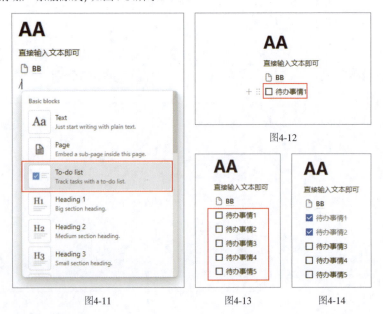

图4-11　　　　图4-12　　　　图4-13　　　　图4-14

4.Heading 1~Heading 3

一级标题至三级标题如图4-15所示。这3个选项旨在撰写文章时方便标题的设置,其中一级标题字号最大,而三级标题字号最小。此功能类似于Microsoft Word中的标题设定。

在撰写文档时,首先构建一级至三级标题层次,效果如图4-16所示。为了更清晰地识别不同层级标题与正文字体的差异,可以将它们与正文中的字体进行对比。

图4-15　　　　　　　　图4-16

5.Table

Table(表格)功能如图4-17所示,所创建的表格默认呈现为浅灰色,包含6个单元格,如图4-18所示。

图4-17　　　　　　　　图4-18

实战:编辑表格

下面演示编辑表格过程中的常用操作。

01 当鼠标指针悬停在表格边缘时,线条会变为蓝色,此刻拖曳鼠标可调整表格尺寸。将鼠标指针移至中央线条上,指针形态发生变化,中央线条变为蓝色,如图4-19所示。

02 向右拖曳鼠标,左侧单元格宽度增加,如图4-20所示。采用此方法,可以灵活控制表格的样式。

图4-19　　　　　　　　图4-20

03 将鼠标指针移至表格右侧，将显示一个灰色的+图标，如图4-21所示。单击此图标可在右侧添加一列，如图4-22所示。

图4-21　　　　　　　　　　　图4-22

04 当鼠标指针位于表格下方时，也会出现一个灰色的+图标。单击该图标便可在表格下方添加一行，如图4-23和图4-24所示。

图4-23　　　　　　　　　　　图4-24

05 若需删除第3列，可将鼠标指针移至该列顶部中央，会显示一个图4-25所示的图标。单击该图标将弹出一个菜单，如图4-26所示。

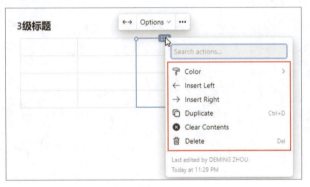

图4-25　　　　　　　　　　　图4-26

06 选择Delete可以删除所选列。此外，Notion提供了一系列表格操作指令。为了方便展示，笔者已在选定列中填充了文本数据，第3列的所有单元格均填入数字"1"，如图4-27所示。

图4-27

07 将鼠标指针悬停于第3列顶端中央位置，单击出现的图标，随后选择Color（颜色），如图4-28所示。此处可以调整表格中文本的颜色以及单元格的背景色，例如将单元格背景设置为蓝色，效果如图4-29所示。

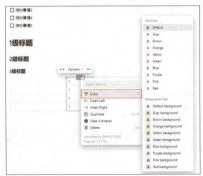

图4-28　　　　　　　　　　　图4-29

08 Insert Left（在左侧插入）和 Insert Right（在右侧插入）分别表示在左、右侧添加一列。若选择 Insert Left，蓝色这列的左边就多了新的一列，效果如图4-30所示；若选择 Insert Right，蓝色这列的右边就多了新的一列，效果如图4-31所示。选择 Clear Contents（清除内容），可以清除所有内容。

图4-30

图4-31

09 Duplicate（复制）用于复制表格内容，选后，蓝色这列被复制了一份，如图4-32所示。

图4-32

10 当前蓝色列位于第3列。若需将其移至第1列，仅需拖曳 图标至第1列位置，如图4-33和图4-34所示。无论是横向还是纵向，只要存在 图标，都可通过此方式进行操作。

图4-33

图4-34

6.Bulleted list

Bulleted list（项目列表）功能允许用户创建带有前置圆点符号的条目，如图4-35所示。创建后的效果如图4-36所示，每个条目前有一个小圆点，其后可附加文本描述，例如此处添加了"项目A"作为一个条目。

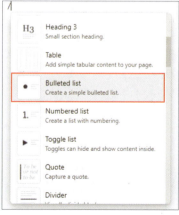

图4-35　　　　　　　　　　　图4-36

7.Numbered list

Numbered list（编号列表）功能允许用户创建带有数字编号的项目列表，如图4-37所示，创建后的效果如图4-38所示。编号从1开始，编号后可附加文本。例如，添加了"项目前期"作为文本内容。

由于这是数字编号列表，输入第1项文本后，直接按Enter键便可自动生成第2个编号。在第2个编号后输入"项目中期"，再次按Enter键，系统将自动创建第3个编号。在此处输入"项目后期"，如图4-39和图4-40所示。若需更多编号，继续按Enter键即可。

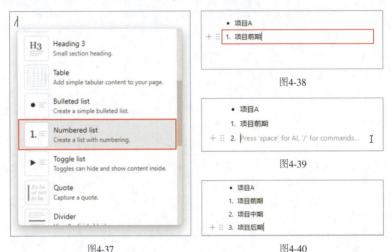

图4-37　　　　　　　　　　　图4-40

8.Toggle list

Toggle list（折叠列表）功能允许用户隐藏或显示内容，如图4-41所示。创建这种列表后，将显示一个向右的小三角形图标▶。在其后方可输入文本，例如，输入"项目资金"，如图4-42所示。

单击小三角形图标▶后，该图标将转变为▼样式，如图4-43所示。当前界面提示"空白折叠块。单击或拖曳块到这里。"，在此可输入文本，例如输入"100元"，如图4-44所示。

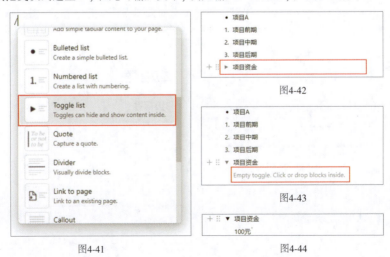

图4-41　　　　　　　　　　　图4-44

单击向下的小三角形图标▼可隐藏内部内容，且图标恢复为向右的状态▶，如图4-45所示。

图4-45

9.Quote

Quote（引用）块包含一条粗竖线，可在其后方输入文本，如图4-46所示。例如，输入"某某曾经说过"，如图4-47所示。

和前述各种块相比，引用块中的粗竖线格外醒目。在应用此块时，笔者倾向于结合修改背景色以增强视觉效果。单击块前的 图标，弹出菜单后选择color，将背景色设为红色。结合其他格式，观察整体效果，如图4-48所示。这种格式的多样性便于用户规划页面的布局。

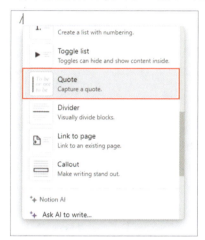

图4-46

图4-47

图4-48

10.Divider

Divider（分割线）功能如图4-49所示。该功能用于创建一条灰色分割线，分隔两个独立的内容块，以增强视觉效果，如图4-50所示。在分割线下方新增文本块并输入"新的项目"，效果如图4-51所示。

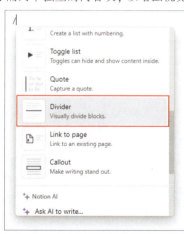

图4-49

11.Link to page

Link to page（链接到页面）功能如图4-52所示。为了方便理解，下面通过实战进行讲解。

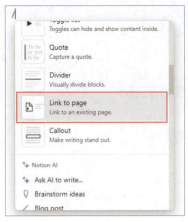

图4-52

实战：实现页面跳转功能

01 在工作区创建新页面，并将其命名为"BB"，如图4-53所示。

02 当前已创建两个页面。返回AA页面，并创建一个链接到页面块。此时，系统将弹出一个列表，提示"select a page（选择要链接的目标页面）"，如图4-54所示。目前有两个可选页面，由于是在AA页面进行编辑操作，因此应选择链接至BB页面，如图4-55所示。

图4-53

图4-54

图4-55

03 目前已成功创建一个跳转至BB页面的快捷方式，该快捷方式的图标可定制。单击该图标，即可打开图标更换界面，如图4-56所示。该界面提供了众多预设图标，且支持自定义图像上传，用户可根据个人偏好进行尝试，如图4-57所示。在本例中选取了第一个笑脸图标，图标更新后的效果如图4-58所示。

图4-56　　　　　图4-57　　　　　图4-58

技巧提示 此界面上显示的"BB"名称无法直接修改。该名称为BB页面的标题，若需更改，必须进入BB页面进行相应的编辑。编辑后，此处将会自动更新以反映所做的更改。

04 单击跳转链接可直接跳转至BB页面，如图4-59所示。修改图标后将同时在页面和工作区中更新。

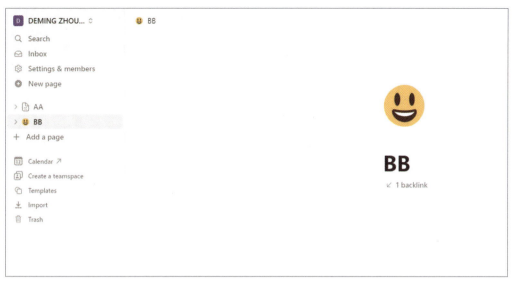

图4-59

> **技巧提示** 标题"BB"下方的灰色文字"1 backlink"表示反向链接，单击即可返回先前浏览的AA页面，从而实现页面间的快速跳转。

12.Callout

Callout（标注）功能如图4-60所示，该块通常用于添加特殊备注。它呈灰色背景，并带有一个小灯泡图标，在其后可以输入文本，例如输入"要注意的事项"，如图4-61所示。笔者个人倾向于利用此类注释块进行附加解释，尤其是当一段文本需要深入分析时。若直接在正文中阐述，可能会显得冗长，而使用注释块来对文章进行详细解析是一种有效方法。此外，小灯泡图标是可替换的，单击即可进行更换。

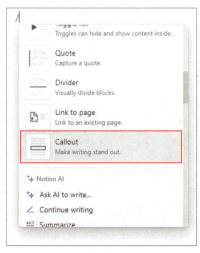

图4-60　　　　　　　　　　　图4-61

4.1.2 Media

下面讲解一些额外的块,包括Media(媒体)和Inline(内联)块,如图4-62和图4-63所示。其他未提及的块的使用频率相对较低。本小节主要介绍Media块。

图4-62

图4-63

1.Image

Image(图片)功能如图4-64所示。选择后会弹出一个用于上传图片的界面,如图4-65所示。

图4-64

图4-65

实战:编辑图片

在开始编辑图片之前先了解一下图4-65中4种获取图片的方法。Upload(上传)用于直接从本地计算机上传图片;Embed link(嵌入链接)用于输入图片链接,以便直接使用;Unsplash(分享平台)用于在平台上找到并使用网友分享的图片;GIPHY提供搜索动态图的服务,用户可以直接使用网友提供的动态图片。

01 上传一张本地图片,效果如图4-66所示。读者可根据个人需求尝试上述4种不同的方法。

图4-66

02 将鼠标指针悬停在图片上时，会显示若干图标，如图4-67所示。拖曳图片左右两侧的垂直竖长条按钮，可缩小或放大图片，如图4-68所示。

图4-67　　　　　　　　　　　　　　　图4-68

03 图像右上角提供添加评论、添加说明、下载以及更多操作选项，如图4-69所示。例如在评论区输入"真好看"，并在说明栏填写"一只鸭子"，效果如图4-70所示。

图4-69　　　　　　　　　　　　　　　图4-70

技巧提示 说明文本将显示在图片下方，而评论则位于页面的右侧。分享页面并启用评论权限后，其他用户便能对该图片发表评论。

2.Web bookmark

　　Web bookmark（网页书签）功能如图4-71所示，是笔者比较喜欢的一项实用功能，它能够将网址以摘要的形式收录进来。这一功能尤其适合整理网络上的优质文章、视频等内容，用户可以直接将这些链接归档至个人的Notion中，使用起来极为便捷。

图4-71

选择Web bookmark，会弹出一个界面，提示用户输入需要收录的网址，如图4-72所示。在此处输入一个素材网站的网址，如图4-73所示。随后，单击Create bookmark（创建书签）按钮，即可生成网页书签。生成的网页书签效果如图4-74所示。

图4-72

图4-73

图4-74

技巧提示 网页名称、摘要信息、链接地址及图片等内容将在此一览无遗。仅需单击此书签，即可访问相应网站。此功能使得整理网络信息变得极为便捷。

3.Video

Video（视频）功能如图4-75所示，用于插入视频。选择后将弹出一个界面，提示用户上传视频文件。与图片上传功能相似，用户既可以通过网络链接插入视频，也可以选择从本地设备直接上传，如图4-76所示。

图4-75

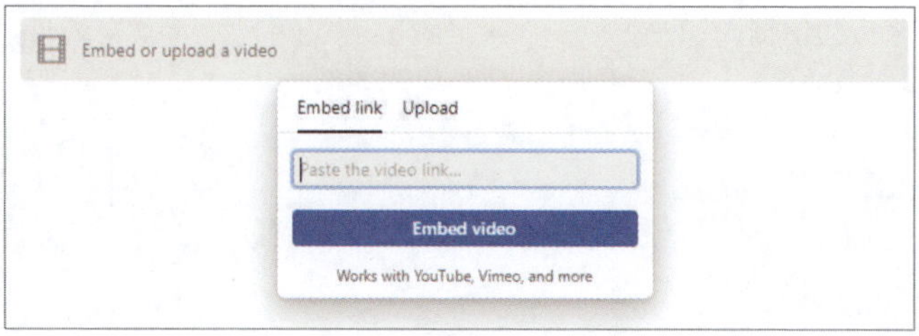

图4-76

当在互联网上发现某个视频,并希望将其整合至页面中时,可以简单地复制该视频的链接,将链接粘贴至指定区域,并单击Embed video(嵌入视频)按钮 Embed video ,如图4-77所示。嵌入后的效果如图4-78所示。通过这种方式,视频内容便被整合到Notion页面中。用户可直接在当前页面播放视频,或单击视频跳转至原始链接进行观看。视频同样支持缩放功能,操作方法同图片。

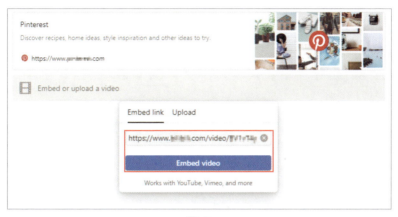

图4-77

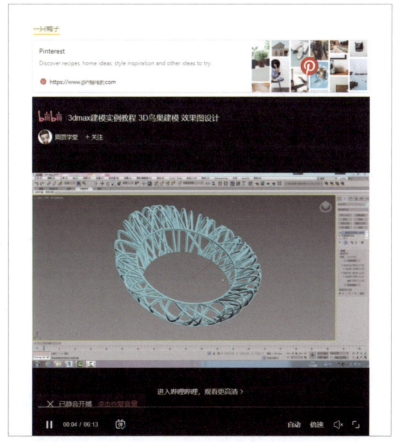

图4-78

4.Audio

Audio（音频）功能如图4-79所示。选择后将弹出一个界面，如图4-80所示，提示用户上传音频文件。与视频文件的导入过程相同，用户可选择从本地设备上传或使用网络音频资源。

图4-79　　　　　　　　　　　图4-80

5.Code

这里不介绍Code（代码），因为普通办公并不会用到。

6.File

File（文件）功能如图4-81所示。文件上传与视频和音频上传在本质上是相同的。选择后将弹出文件上传界面，可从本地设备上传文件或通过网络链接添加文件，如图4-82所示。例如，上传名为"资料包"的压缩文件后，界面显示效果如图4-83所示。用户可通过单击文件进行下载。

图4-81　　　　　　　　　　　图4-82

　　　　　　　　　　　　　　图4-83

4.1.3 Inline

Inline功能如图4-84所示，主要起提醒的作用。我们通常在群聊中通过"@"提及特定成员，或设置闹钟从而在特定时间得到提醒。Notion中的内联功能正是为了实现这一目的而设计。

图4-84

1.Mention a person

　　Mention a person（提及某人）功能如图4-85所示，这实际上等同于我们在聊天软件中使用的"@某人"功能。一旦某人被"@"，他便会在工作区左上角的收件箱中收到通知。选择Mention a person，会弹出一个界面，如图4-86所示。单击Invite，界面将变为图4-87所示的样子。在此界面中，可以邀请其他人加入。与分享功能类似，邀请时也能够设置权限，例如允许被邀请人编辑内容或仅能查看内容等。

图4-85

图4-86

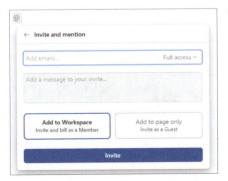

图4-87

技巧提示 "@"完他人后，页面中就会显示一个"@"符号，后面显示被"@"的人，如图4-88所示。

图4-88

2.Mention a page

Mention a page（提及一个页面）功能如图4-89所示，此功能与之前提到的Link to page功能相同。

图4-89

3.Date or reminder

Date or reminder（日期或提醒）功能如图4-90所示。用户可在页面内配置日历功能，并设定闹钟提醒。选择后，系统弹出的选项中有两个相关功能，分别为显示当前日期和设置提醒事项，如图4-91所示。

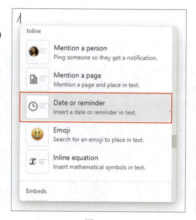

图4-90

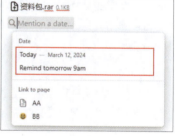

图4-91

实战：制作日期备忘录

下面介绍日期备忘录的制作方法。

01 在图4-91所示的界面中选择Today选项，页面中会显示"@Today"字样，如图4-92所示。

02 单击"@Today"后，将打开一个标准日历，如图4-93所示。可以在此处设置提醒功能。

图4-92

图4-93

03 设定6:30的闹钟以处理一项任务。激活Include time（包括时间）功能，随后单击Remind（提醒）。当前界面显示None（无提醒），且为灰色字体。选择At time of event（事件发生时提醒），此外还包括其他选项，如提前5分钟提醒、提前10分钟提醒。最终将时间设定为6:30 AM，如图4-94所示。此时页面会有一个蓝色的日期备忘录，如图4-95所示。

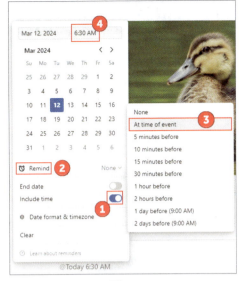

图4-94

图4-95

04 在到达预定时间时，工作区左上角的收件箱将收到系统的通知，并且页面上的日期备忘录转变为红色，如图4-96所示。

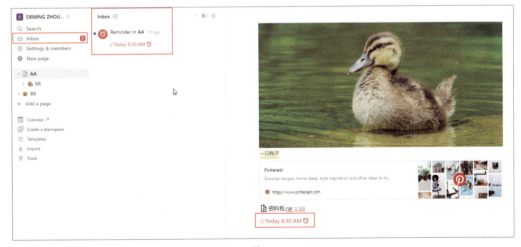

图4-96

技巧提示 至此，已经介绍了大多数常用块。对于那些不经常使用的块，建议用户熟悉常用块之后再逐一尝试它们。如果发现某些不常用的块对特定需求非常有帮助，可加以利用。

4.2 块的基础操作

前面已经介绍了常用块。本节将详细阐述这些块的基础操作。无论是哪种块，只需将鼠标指针悬停在其上方，即可看到+和⋮⋮图标，如图4-97所示。这一规则适用于任何类型的块。

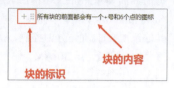

图4-97

4.2.1 新建块

单击+图标即可新建一个块，此操作与使用"/"键调出菜单相似。

4.2.2 移动块

当鼠标指针悬停在⋮⋮图标上时，可以通过拖曳此图标来移动块。不仅可以垂直移动，还能水平移动。目前页面的右侧区域为空白，如图4-98所示。将鼠标指针置于一级标题块前的⋮⋮图标上，将其拖至页面右上方，如图4-99所示。

图4-98

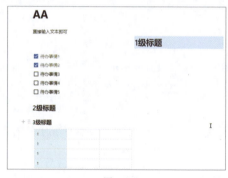

图4-99

4.2.3 框选块

除了单独选择一个块进行移动，用户亦可通过鼠标框选的方式，一次性选择多个块进行操作。使用鼠标进行框选，以选取待办事情3~5以及二级标题、三级标题，选中的区域背景将变为蓝色，如图4-100所示。

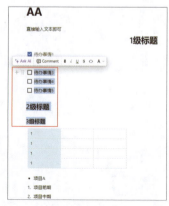

图4-100

将鼠标指针悬停在任意块前方的 ⋮⋮ 图标上，将块拖至一级标题下方，当出现蓝色边缘线时，如图4-101所示，释放鼠标，这些块便会移至一级标题之下，如图4-102所示。

图4-101　　　　　　　　　　　图4-102

4.2.4 自由排版

通过控制页面的块可实现自由排版。单击 ⋮⋮ 图标，如图4-103所示，会弹出图4-104所示的菜单。

所有块都可以执行此操作，只要它们带有 ⋮⋮ 图标。菜单中包含了常规的删除、复制、更改颜色等基础功能。特别需要强调的是Turn into（转换）功能，如图4-105所示，它允许用户修改块的属性。例如，一个文本块可以直接通过此功能转换为待办清单或其他类型的块。这意味着块的属性可以自由转换。Turn into page in（转为页面）功能则用于将一个块转换成独立页面。

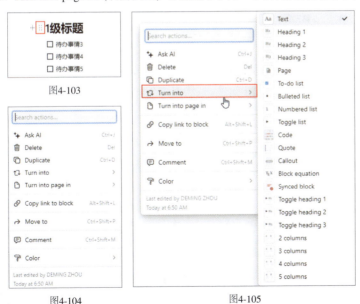

图4-103　　　　　　　　图4-104　　　　　　　　图4-105

4.2.5 文本通用操作

在所有块中，凡是含有文本的，均可执行一系列通用操作。例如选中文本"100元"后，系统便会弹出菜单栏，如图4-106所示。

无论是哪种文本块，一旦选中文本，就会出现该菜单栏，如图4-107所示。①处允许更改块属性，即Turn into功能；②处用于插入超链接；③处提供评论功能；④处则包含常规文本编辑功能，如加粗、添加下划线、修改字体颜色等。

图4-106

图4-107

实战：进行文案层级划分

无论块的移动路径如何，各块之间始终保持平行。当前创建了3个文本块，如图4-108所示，它们都是独立块，彼此之间并未形成任何层次结构。

01 将鼠标指针移至第二个块并单击，进入编辑模式，如图4-109所示，此时将出现光标。

02 按键盘上的Tab键，便可实现第二个块的缩进，使其成为第一个块的子级，如图4-110所示。如此操作后，一级的块减至两个，因为第二个块已成为第一个块的子级。

图4-108　　　　图4-109　　　　图4-110

03 单击第三个块进入编辑模式，按Tab键，第三个块成为第一个块的子级，如图4-111所示。

04 再次按Tab键，第三个块将进一步缩进，成为第二个块的子级，如图4-112所示。若要回到上一层级，可按快捷键Shift+Tab。

图4-111　　　　图4-112

第 5 章
页面的操作技巧和应用

本章将介绍页面的操作技巧和应用，包括页面的新建和转换、为页面添加内容、在文本块中插入图标、嵌套页面、页面跳转。读者在练习过程中可以进行实际操作，以拓展实际应用能力。

5.1 页面的新建和转换

之前已经讨论了页面的一些基础操作，本章梳理并详细解析页面的相关功能和操作。

5.1.1 新建页面

用户可以通过单击工作区左上角的 New page 或 Add a page 来创建新页面，如图5-1所示。

图5-1

创建的空白页面默认标题为 Untitled。该标题将在3个位置显示，分别是工作区、编辑区和页面顶部的主标题栏，如图5-2所示。若在编辑区将标题更改为 A，则这3个位置的标题将同步更新，效果如图5-3所示。

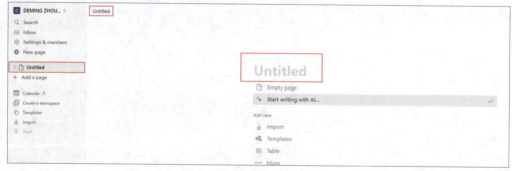

图5-2

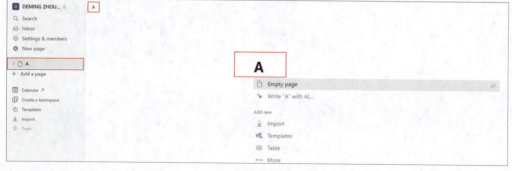

图5-3

5.1.2 转换为真正的空白页面

默认的空白页面中的灰色文字为系统提示，如图5-4所示。用户可通过单击页面任意空白区域，或是单击首个提示词Empty page，将页面转换为真正的空白页面，如图5-5所示。转换后，页面将仅保留一条灰色提示语，提示用户通过按Space键唤醒AI助手，或按"/"键调出菜单。

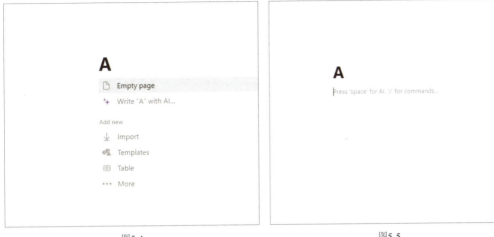

图5-4　　　　　　　　　　　　　　　　图5-5

5.2 为页面添加内容

可以通过按"/"键来创建内容。除此之外，还需掌握一些页面基础操作。将鼠标指针悬停在页面标题上方时，会显示3个选项，分别是Add icon（添加图标）、Add cover（添加封面）和Add comment（添加评论），如图5-6所示。

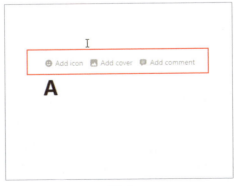

图5-6

5.2.1 添加图标

01 单击Add icon，将出现一个界面，供用户选择图标，如图5-7所示。该界面含有系统内置的表情和图标，用户也可上传自定义图片。初始时系统会随机分配一个图标，例如图5-7中蓝红色双人图标即系统预设图标。

02 系统内置的图标种类繁多，足以满足各种应用场景的需求。然而，自定义图标能使页面更具个性。例如在系统中选择四叶草图标，如图5-8所示，所有含标题的位置均会显示此图标，如图5-9所示。

图5-7

图5-8

技巧提示 如果要更改图标，直接单击图标即可。

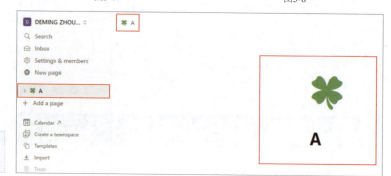
图5-9

5.2.2 添加封面

01 将鼠标指针悬停在页面标题上方，单击Add cover，如图5-10所示，系统将自动添加一个封面，如图5-11所示。注意，该封面是系统随机生成的。

图5-10

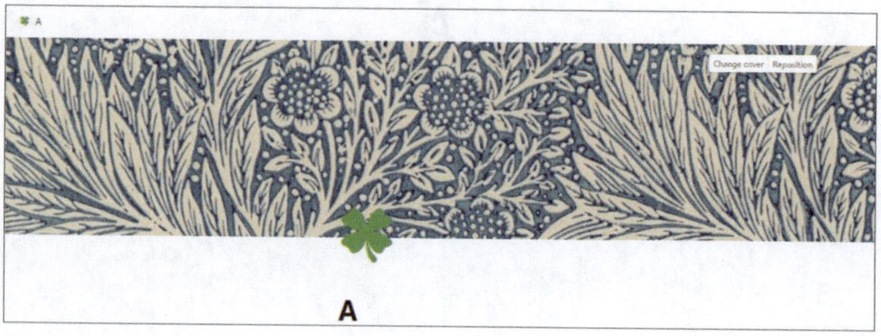

图5-11

02 如果对当前封面不满意，可以手动调整封面。封面右上角设有两个选项，分别为Change cover（更改封面）、Reposition（复位），如图5-12所示。

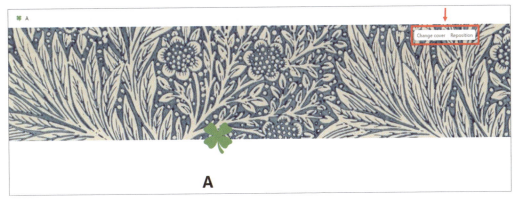

图5-12

03 单击Change cover，会出现一个界面，如图5-13所示，该界面提供了多种获取图片的方式。在Gallery（图库）中可以找到系统内置的封面图片。若选择Upload，则可以从个人计算机中选择图片。通过Link（链接）选项，可以使用网络中的图片，只需复制并粘贴图片链接即可。此外，Unsplash是一个图片分享平台，提供了众多网友分享的可用图片。现在选择一张图片，如图5-14所示。

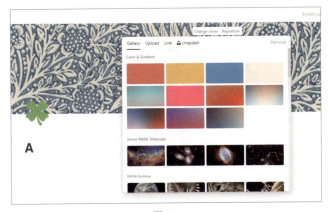

图5-13

图5-14

04 页面显示效果如图5-15所示。注意，实际展示的图片与选择时的预览图存在差异，这是因为封面图的原始尺寸与页面的默认显示尺寸不匹配。因此，需要手动调整图片的展示位置以确保其正确显示。

图5-15

05 单击右上角的Reposition，随后鼠标指针将变为✥样式。此时可以通过拖曳来调整图片的展示位置，如图5-16所示。将图片拖至能够展示书本和花盆，完成位置调整后，单击Save position（保存位置）即可保存更改，如图5-17所示。

图5-16

图5-17

5.2.3 添加评论

单击Add comment,如图5-18所示,评论区中会显示用户的账户头像。此时,可输入"真好看"作为评论内容,如图5-19所示。

通常,评论功能旨在允许用户对他人的页面内容进行反馈。也可以自己在自己的页面上发布评论,作为对页面内容的概述或总结。例如,用户可在自己的页面上发布评论"这是一篇关于美的文章",如图5-20所示。

图5-18

图5-19

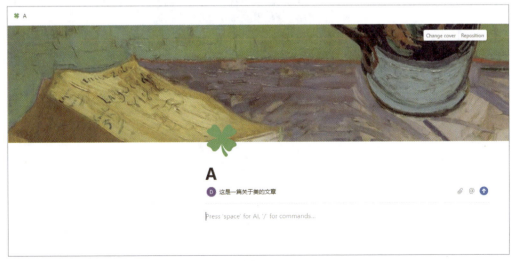

图5-20

5.3 在文本块中插入图标

在页面中,不仅在标题部分能够添加图标,在任何文本块中都能嵌入图标。例如创建一个文本块并标注为"第一章",如图5-21所示。现在想在"第一章"的开头插入图标。

01 将鼠标指针移到要添加图标的位置,并单击以确定插入点,如图5-22所示。

图5-21

图5-22

02 按"/"键调出菜单,定位至Inline以查看Emoji,如图5-23所示。单击Emoji,将出现一个含有多个图标的界面,如图5-24所示,可以从中挑选并添加所需的图标。

03 在此插入一个笑脸图标,如图5-25所示。需注意,此类于文本中添加的图标无法自行上传,只能使用系统内置的图标。系统内置的图标种类繁多,基本能满足需求。无论在正文内容中使用何种格式块,只要该块包含文本,便能在相应位置插入图标。

图5-23

图5-24

图5-25

5.4 嵌套页面

页面的层级可以无限扩展，这一概念类似于计算机文件系统中的文件夹结构，即可以在一个文件夹内创建一个子文件夹，在该子文件夹内再创建一个更深层次的子文件夹，以此类推，页面亦可遵循此逻辑进行无限制的嵌套。通常在工作区内通过直接拖曳的方式来实现页面的嵌套。

01 创建两个新页面，分别命名为"B"和"c"，如图5-26所示。

02 A页面、B页面和c页面是独立存在的，并未形成层级结构。若需将B页面设置为A页面的子页面，仅需使用鼠标将B页面拖曳至A页面内。在拖曳过程中，当B页面接近目标位置时，该位置会高亮显示为蓝色，如图5-27所示。此时，A页面上的蓝色高亮部分即表示目标位置。

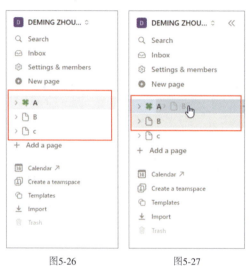

图5-26　　　　　　图5-27

03 工作区的当前显示状态如图5-28所示。此时，B页面虽然不可见，但并未消失；实际上，它已嵌入A页面之中。通过单击A页面左侧的 › 图标，便可展开并查看层级关系，如图5-29所示。

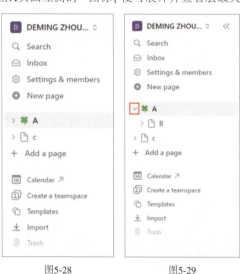

图5-28　　　　　　图5-29

04 此时B页面已经成为A页面的子页面。在A页面中，系统会自动生成一个指向B页面的图标，如图5-30所示。用户可通过单击该图标直接访问B页面，也可从工作区进入B页面。

图5-30

05 进入B页面，如图5-31所示。页面左上角清晰展示着层级关系。执行相同操作，将c页面拖曳至B页面内部，如图5-32所示。

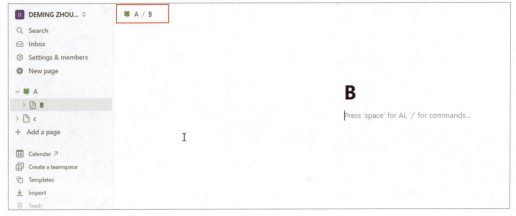

图5-31

图5-32

技巧提示 如果想要解除层级关系，直接在工作区把页面拖曳出来，放到该层级外即可。

5.5 页面跳转

目前位于c页面，如图5-33所示。考虑到工作区内存在众多页面，寻找特定的目标页面可能比较烦琐。为了便捷地从c页面直接跳转至A页面，可以利用页面跳转功能。

图5-33

01 在c页面按"/"键调出菜单，并选择Basic blocks中的Link to page，如图5-34所示。系统将提示用户选择目标链接页面，如图5-35所示。

图5-34

图5-35

02 在此界面中，仅提供A页面选项。尽管当前存在A、B、c这3个页面，但由于Link to page功能仅支持链接至上级页面，因此只能选择A页面作为链接对象。选定A页面后，页面及工作区便会自动生成一个指向A页面的图标，如图5-36所示。用户可通过单击该图标直接跳转至A页面。

图5-36

03 按"/"键调出菜单,接着选择Inline中的Mention a page,如图5-37所示。此时将出现一个界面,提示用户选择链接页面,如图5-38所示。

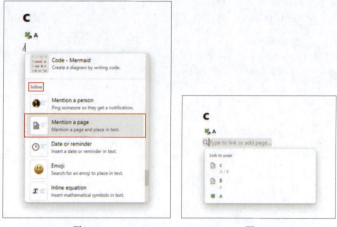

图5-37　　　　　　　　　　图5-38

04 现在可以在页面中使用Mention a page功能来创建跳转页面链接,且不限于跳转至父页面。例如,选择了B页面,页面中便生成一个直接跳转至B页面的图标,如图5-39所示。需要注意的是,此方法创建的图标仅在当前页面显示,而不会在整个工作区中出现。

图5-39

第 6 章
数据库的操作技巧和应用

本章将介绍数据库的操作技巧和应用,主要包括了解数据库、数据库的展示模式、创建数据库和制作本周读书计划表等内容。读者可以根据自己的需求设定自己的工作计划、生活计划,并进行操作。

6.1 了解数据库

当提及"数据库"这一术语时,许多人可能因为在工作或日常生活中比较少接触到它,而认为这是一项深奥的技术,仅限专业人士学习。这种认知常常会形成学习障碍,使得他们认为数据库难以理解,甚至不愿意去尝试。

其实,数据库并非高不可攀的技术。Notion旨在服务所有用户群体,任何人都能够掌握并将其应用于学习、工作和生活中。不仅是Notion,面对任何未知的知识领域,都应克服对未知的恐惧,这对自学尤为关键。

我们可以这样理解,所谓的"数据库"并非某种特殊的软件技术,它仅仅是一个存放需要整理的数据的平台,而这个平台由Notion提供。

以一个贴近生活的例子来说明:当购物时,会将需购买的物品名称列在一张纸上作为购物清单,并在购买完成后逐一勾选。在这个情境中,那张纸就相当于一个数据库,而清单上的各项物品名称则是其中的数据。

6.2 数据库的展示模式

01 按"/"键调出菜单,找到Database,如图6-1所示。

02 Database中有很多命令,包括6个视图命令,如图6-2所示。除了6个视图命令以外,还有3个命令,如图6-3所示。

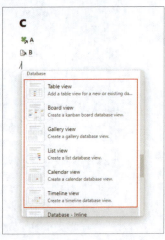

图6-1　　　　　　　　　　图6-2　　　　　　　　　　图6-3

Notion数据库有6种不同的展示模式,分别是Table view(表格视图)、Board view(看板视图)、Gallery view(画廊视图)、List view(列表视图)、Calendar view(日历视图)和Timeline view(时间轴视图)。注意,这些仅代表单一数据库的6种展示模式,并非指6个独立的数据库类型,即Notion中存在的单一数据库实体能够以6种方式呈现。通过这些命令,用户可以便捷地创建特定视图的数据库。

6.3 创建数据库

为了简化学习过程，读者无须关注这6个视图命令，可以直接选择Database - Inline（内嵌数据库）或Database - Full page（完整页面数据库）来创建数据库。在构建基础数据库后，再根据需要调整视图。

6.3.1 使用内嵌数据库创建

选择Database - Inline，如图6-4所示。页面将展现一个基于Table（表格）视图的数据库，如图6-5所示。

图6-4

图6-5

技巧提示 实际上当前的表格本身就构成了一个数据库，用户要做的仅是在表格中输入需要记录的数据。操作时将鼠标指针悬停在数据库的不同区域，会看到一些灰色的选项或按钮可供使用。

6.3.2 设置数据库视图

下面解析一下6个独特的视图。为了便于分析，在表格的首列依次填入数字1、2、3，如图6-6所示。

图6-6

01 将鼠标指针悬停于表格图标上时,将显示一个灰色的"加号"图标,如图6-7所示。值得注意的是,Notion的界面设计遵循"只有当鼠标指针移至特定区域,相应的选项才会以灰色标识显示"的原则,这种设计确保非编辑模式下页面的美观性和简洁性。

图6-7

02 单击"加号"图标,打开新建视图菜单,如图6-8所示,其中有6种视图可选择。

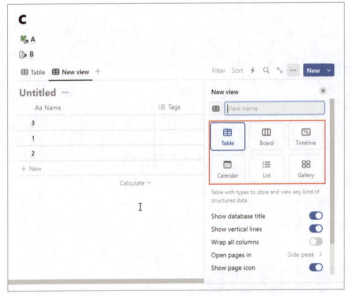

图6-8

03 选择Board(看板),页面如图6-9所示,顶部新增了一个看板视图。未来若增加更多视图,相应的视图名称也将在此区域出现,便于用户在不同视图间进行切换。

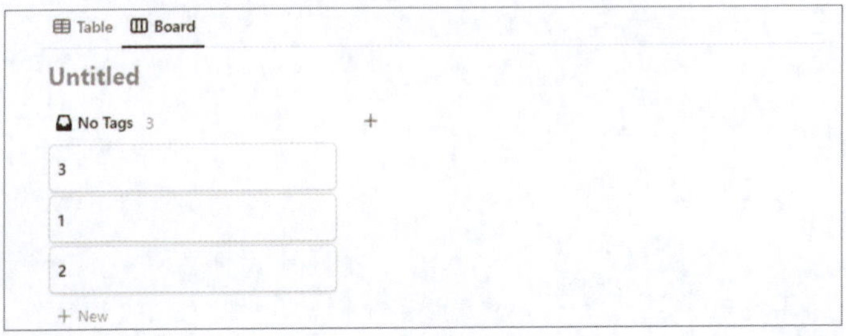

图6-9

技巧提示 Timeline视图如图6-10所示。

图6-10

Calendar视图如图6-11所示。

List视图如图6-12所示。

图6-11

图6-12

Gallery视图如图6-13所示。

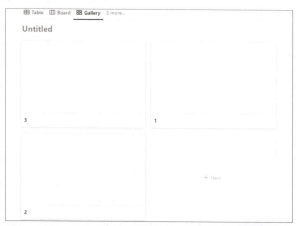

图6-13

观察6种不同的视图，可以明显看出它们之间的主要区别在于展示形式。例如在Timeline视图和Calendar视图中，无法看到最初输入的"1-2-3"序列，因为这两种视图并不以文本形式展现信息。

如前所述，将鼠标指针悬停在数据库的相应位置上时，会显示灰色的选项。读者可以通过实际操作来熟悉这些选项，但记忆每个视图中的所有选项并非有效的学习方法。

在后文中，笔者将直接使用一个实例来说明数据库的操作方法，选用基础的Table视图进行演示。

实际上，无论是进行文本工作、记录行程、制订计划、制作营收表还是整合资料等，单独使用Table视图就已足够，其他视图主要用于特定领域的信息展示。例如，在做行程安排时，Table视图可以清晰地列出具体日期和目的地等信息，而Calendar视图则能提供更为直观、简洁的展示方式。

6.4 制作本周读书计划表

现在开始创建一份"本周读书计划表"。读者曾经是否设定过阅读目标，例如计划阅读特定数量的书，却因为缺乏规划，最终仅仅停留在口头上，未能实现目标。以后，可以尝试利用Notion这一工具来辅助目标的实现。

6.4.1 明确目的

现在要明确构建数据库的目的，即创建一份"本周读书计划表"。该计划表旨在提醒制作者在特定日期阅读，并确保达成既定的阅读目标。随后，所选用的数据库功能将紧密围绕这一目标展开。

01 按"/"键，创建一个Table视图数据库，如图6-14所示。将Untitled字段改为"本周读书计划表"，如图6-15所示。该字段为标题，可通过直接单击进行文本编辑。

图6-14

图6-15

02 在表格中，第1列的顶端显示该列的标题。可以通过单击该标题对其进行修改。单击Name，如图6-16所示。在弹出的界面中将标题更改为"书名"，然后单击页面的空白区域以确认更改，如图6-17所示。

图6-16

图6-17

03 当前位于书名前的Aa并非字母，而是一个可单击的图标。可通过单击该图标对其进行更换，操作方式类似于更改列标题，如图6-18所示。建议选择一个图书形状的图标进行替换，替换后的效果如图6-19所示。

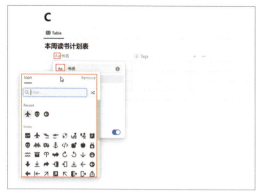

图6-18

图6-19

6.4.2 填写数据

01 在"书名"列填写计划要看的书，单击单元格即可输入文本，效果如图6-20所示。

02 若需添加新项，单击底部的 + New ，如图6-21所示。当前计划阅读3本书，故无须新增项。

图6-20

图6-21

03 第二列的内容完全取决于需要记录的信息。例如需跟踪阅读进度，可单击Tags，在弹出的界面中选择Edit property（编辑属性），如图6-22所示。

图6-22

04 打开编辑属性界面,在其中可修改当前列的属性。默认属性为Tags,然而标签属性不支持创建进度条,因此,需要选择Type(类型)以更改属性,如图6-23所示。

图6-23

05 展开菜单,这里有多种属性供选择。实际上,数据库的核心操作便是通过为列分配不同属性以实现对各种数据的管理。在此,选择Number(数字)属性,如图6-24所示。

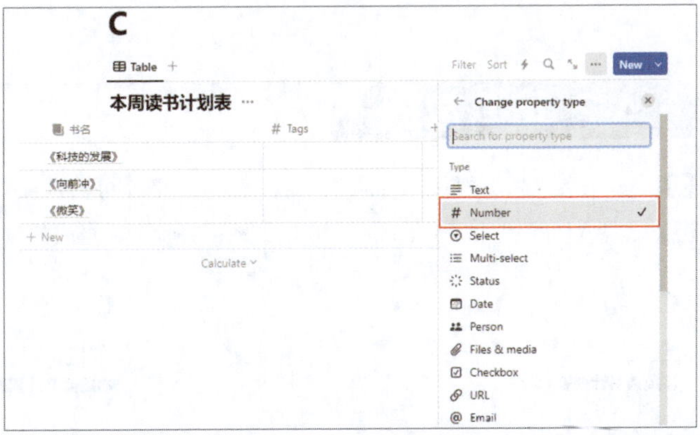

图6-24

06 此时将返回至上一级菜单。在此菜单中Type更新为Number,同时菜单中新增了若干针对Number属性的配置选项。接下来选择Bar(条形),如图6-25所示,数据将以百分比形式呈现。此外,将该列的标题修改为"读书进度"。修改后的效果如图6-26所示。

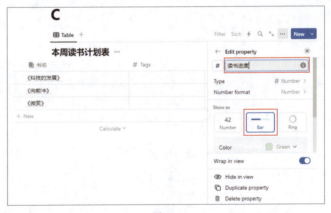

图6-25

图6-26

07 将第二列的属性配置为数据以百分比形式展示十分重要，例如当阅读了一本书的一半，可以在单元格中输入"50"，如图6-27所示。数据输入完成后，单击页面上的任意空白区域或按Enter键即可保存更改，如图6-28所示。

图6-27 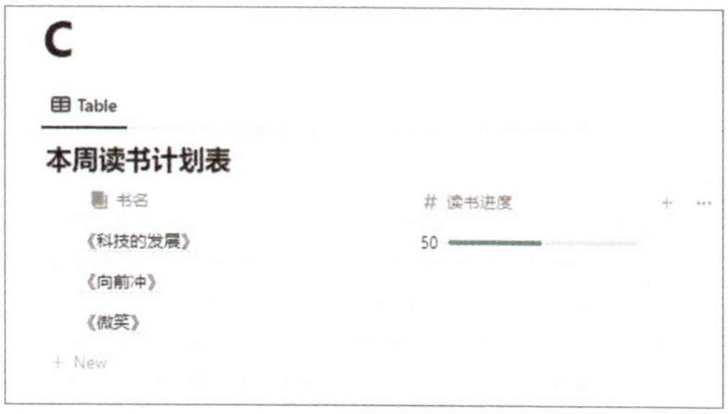　　　　　　　　　　　　　图6-28

08 此方法非常直观，便于观察每本书的阅读进度。随着待阅读图书数量的增加，此种管理策略就显得尤为重要。应用相同的技巧，可以记录其他书的阅读进度，例如第2本完成了30%，第3本完成了70%，如图6-29所示。

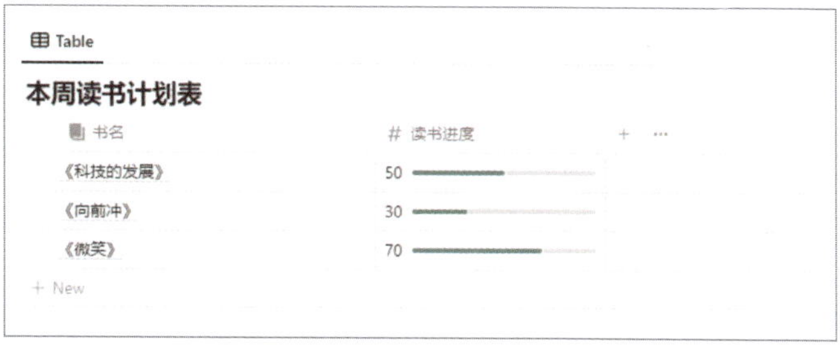

图6-29

09 当前页面默认显示两列。若需添加列，单击右上角的"加号"图标+，如图6-30所示。此时会出现一个菜单，允许直接选择所需的属性，如图6-31所示。鉴于属性选项繁多，建议读者逐一尝试以熟悉其功能。

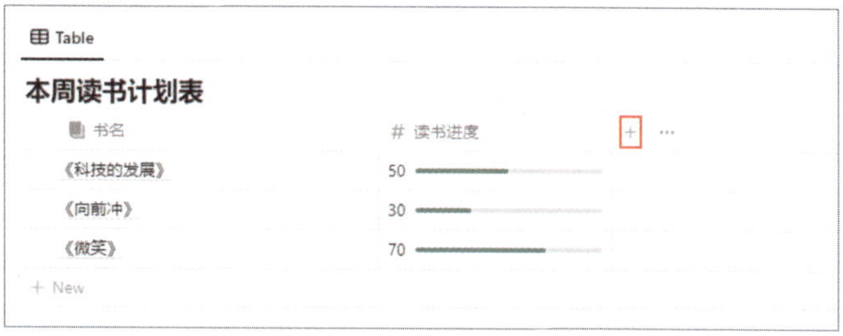

图6-30

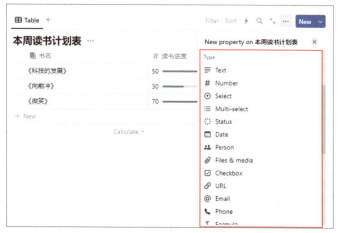

图6-31

10 当前，应该考虑如何有效地记录信息以协助我们实施阅读计划，可跟踪阅读进度，如页码。过去可能使用书签来标记位置，但现在可以选择在电子设备上直接记录。为此，可以简单地创建一个文本字段来输入页码。单击Text，并将其命名为"当前阅读页数"，如图6-32所示。设置后的效果如图6-33所示。

图6-32

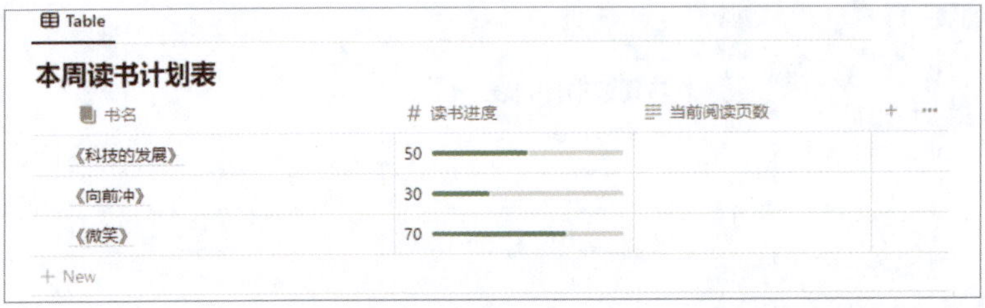

图6-33

11 暂停阅读时，便可在此记录页码，效果如图6-34所示。

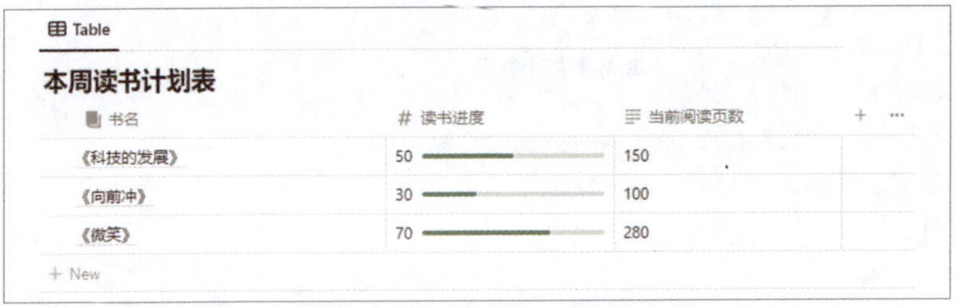

图6-34

12 至此，一份基础的阅读计划表制作完成。用户还可以根据个人需求继续增添新的列以记录更多详细信息，这完全由自己决定。通过此表格能够记录阅读进度，并进行自我管理。例如，当读完第1本书时，可以将进度条更新为100%，并将页数更新为最终页码，或者标注为"已完成"，如图6-35所示。

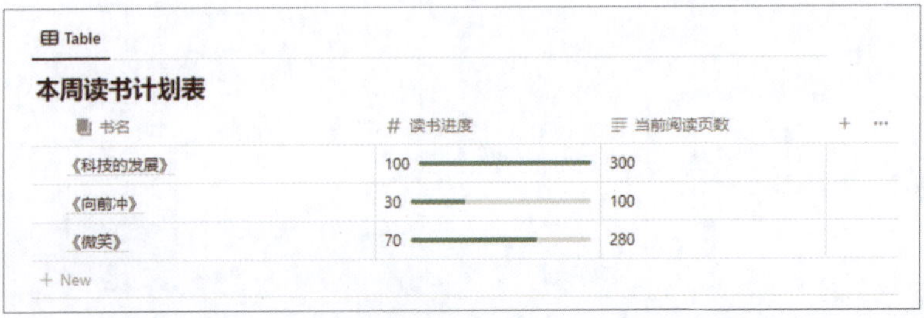

图6-35

第 **7** 章

Notion AI的操作技巧

本章主要介绍Notion的AI功能，即Notion AI，包括Notion AI的使用方法，Notion AI的创作板块、消化板块、改编板块，Notion的AI块和数据库中的AI。这些功能比较简单，但需要读者去理解和掌握，并熟悉它们的操作方法和操作环境，为后面的实例训练打下理论基础。

7.1 Notion AI的使用方法

Notion AI的使用方法主要有3种。下面通过操作分别进行介绍。
第1种：在文本后的空白区域按Space键。
第2种：选择已有文本，并在弹出的菜单栏中选择Ask AI。
第3种：按"/"键调出菜单，并在其中选择Notion AI。

7.1.1 按Space键

01 创建一个页面，命名为"AI"，然后创建一个文本块，并输入"今天我们要学习AI"，如图7-1所示。

图7-1

02 将鼠标指针移到文本块的下面，会出现提示，提示按Space键以呼出AI，按"/"键以调出菜单，如图7-2所示。按Space键，弹出的AI菜单如图7-3所示。这里出现的命令就是Notion AI全部可用的功能。

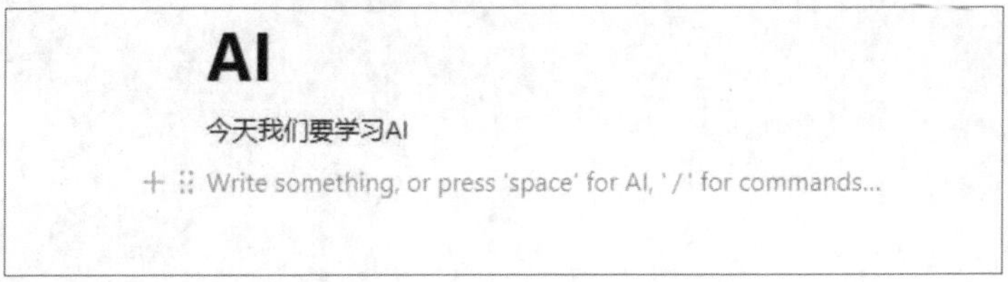

图7-2

图7-3

7.1.2 使用Ask AI命令

下面进行第2种方法的演示。选中一段文本,例如"今天我们要学习AI"这一句,此时文本背景会变为蓝色,同时弹出一个菜单栏,前面有一个Ask AI命令,如图7-4所示。选择Ask AI后会出现AI菜单,如图7-5所示。

图7-4

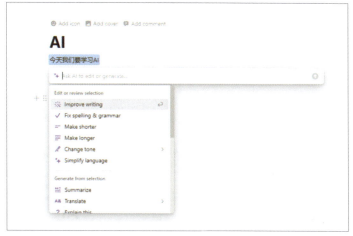

 无论使用哪种方法,呼出的AI菜单都是一样的,只不过第2种方法是针对某段文字使用AI。

图7-5

7.1.3 按"/"键

按"/"键,在弹出的菜单中找到Notion AI部分,如图7-6所示,这里包含AI功能中比较常用的命令。

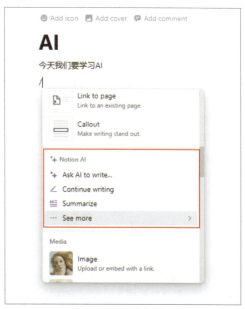

图7-6

7.1.4 基础问答

按Space键呼出AI，将显示一个AI界面，可在其中向AI提出问题，如图7-7所示。

图7-7

这里输入"AI是什么？"如图7-8所示。按Enter键发送问题后，会显示"AI is writing（AI正在写作中）"的信息，如图7-9所示。

图7-8

图7-9

AI做出回答之后，会提供Done（完成）、Continue writing（继续写）和Make longer（长一点）命令，如图7-10所示。如果对结果满意，可以直接选择Done；如果不满意，可以选择其他命令进行操作。ChatGPT等常规问答类AI也有此功能。

图7-10

无论是ChatGPT还是Notion AI，都需要提问才能得到想要的答案。注意，不要盲目相信AI给出的答案，要有分辨能力，因为现在的AI模型还无法解决所有问题。切记，AI只能辅助我们，不能代替我们。

7.2 Notion AI的创作板块

Notion AI拥有众多文本类辅助功能，其主要作用是提升工作效率和节约时间。Notion AI的功能分为三大板块，即AI创作、AI消化和AI改编。在进行文本类工作时，如果需创意支持，可利用AI创作板块，例如利用AI提供创意点子。如果需处理并吸收信息，可借助AI消化板块以省时间，例如直接使用AI总结文章。如果需对内容进行改编，可使用AI改编板块，例如简化文章。

Notion AI的创作板块包括Notion内置的常用文本类命令。按Space键呼出AI，然后找到Draft with AI（用AI起草），如图7-11所示。菜单中包含Brainstorm ideas（头脑风暴）、Blog post（博客文章）、Outline（提纲）、Social media post（社交媒体的帖子）、Press release（新闻稿）、Creative story（有创意的故事）、Essay（随笔）和See more（查看更多）命令。

图7-11

选择See more会弹出更多预设命令，包括Poem（诗）、To-do list（待办清单）、Meeting agenda（会议日程）、Pros and cons list（优缺点列表）、Job description（工作描述）、Sales email（销售邮件）、Recruiting email（招聘邮件），如图7-12所示。

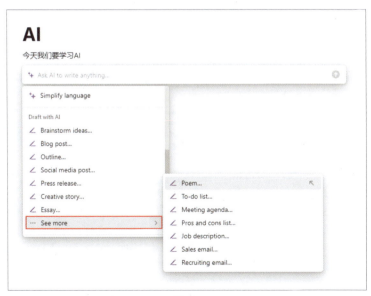

图7-12

这些都是工作中常见的文本类内容。下面介绍Brainstorm ideas和Social media post。

7.2.1 头脑风暴

如果在写某些策划方案的时候没有什么头绪,可以使用Brainstorm ideas,让AI提供一些思路,然后根据这些思路进行扩充。假设要写一篇以"AI和我们的生活有什么关联"为主题的文案内容,因为这个内容涉及面很广,一时无从下手,所以可以使用Brainstorm ideas获得一些思路。

01 按Space键呼出AI,选择Brainstorm ideas,如图7-13所示。AI界面中会自动出现关键词,如图7-14所示。不要删掉关键词,直接在这些词后面写上想要的内容即可,例如"AI和生活",如图7-15所示。

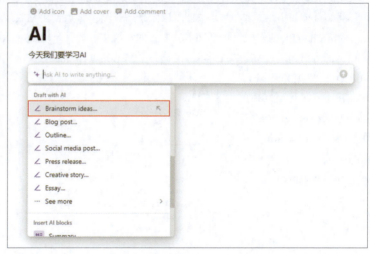

图7-13

图7-14　　　　　　　　　　图7-15

02 按Enter键发送指令,AI会提供一些写作思路,如图7-16所示,接下来就可以根据这些思路来扩展文案。在这里,AI起到了非常好的引导作用。每次给出结果后,都会出现Done、Continue writing和Make longer命令,根据需求选择即可。这里选择Done,AI的回答就会在页面中展示,如图7-17所示。

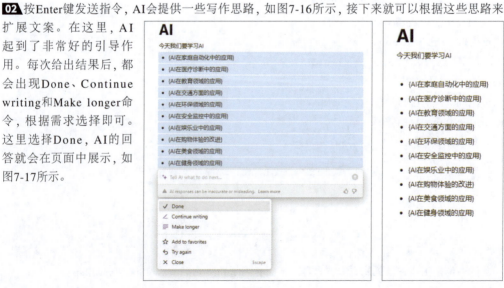

图7-16　　　　　　　　　　图7-17

7.2.2 社交媒体的帖子

下面介绍Social media post的使用方法，该功能主要用于以帖子的形式进行文案内容创作。

01 呼出AI，选择Social media post，如图7-18所示。同样，在关键词后面输入"AI和生活"，如图7-19所示。

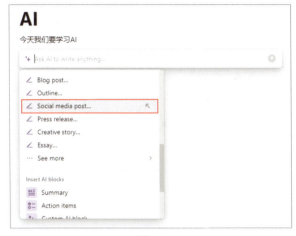

图7-18

图7-19

02 按Enter键发送指令，AI会写一篇以"AI和生活"为主题的帖子，如图7-20所示。

图7-20

03 这篇帖子似乎有点短，选择Make longer，如图7-21所示。AI会根据原主题写出更长的帖子，如图7-22所示。

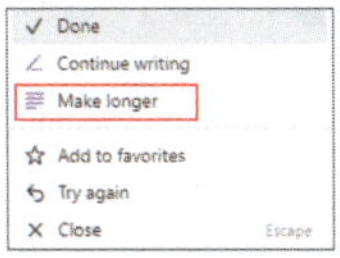

图7-21

图7-22

技巧提示 至于博客、提纲等类别的预设命令，读者可以自行尝试，操作方法类似。

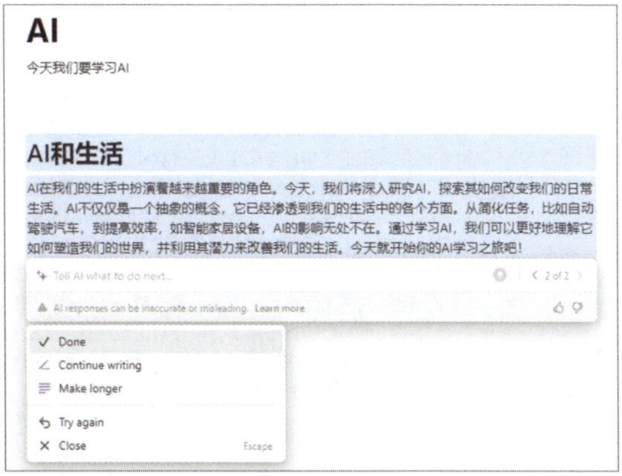

7.3 Notion AI的消化板块

拿到一篇文章或一份资料后,需要去理解文章或资料的内容,这就是"消化"。Notion AI 的消化板块有4个功能,分别是总结、查找操作项、翻译和解析。

按Space键呼出AI,找到Generate from page(从页面生成),其中包含Summarize(总结)、Find action items(查找操作项)、Translate(翻译)和Explain this(解析)命令,如图7-23所示。

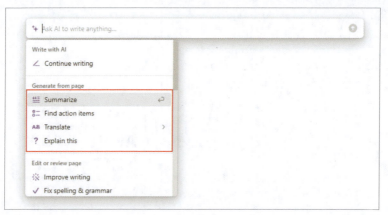

图7-23

7.3.1 总结

以前,要总结文章内容,需要将文章看完,然后提取并归纳文章的要点,最后记录下来。如果利用Summarize命令,就可以在不看原文的情况下,利用AI来获取该文章的信息。假设有一篇比较长的文章,如图7-24所示。

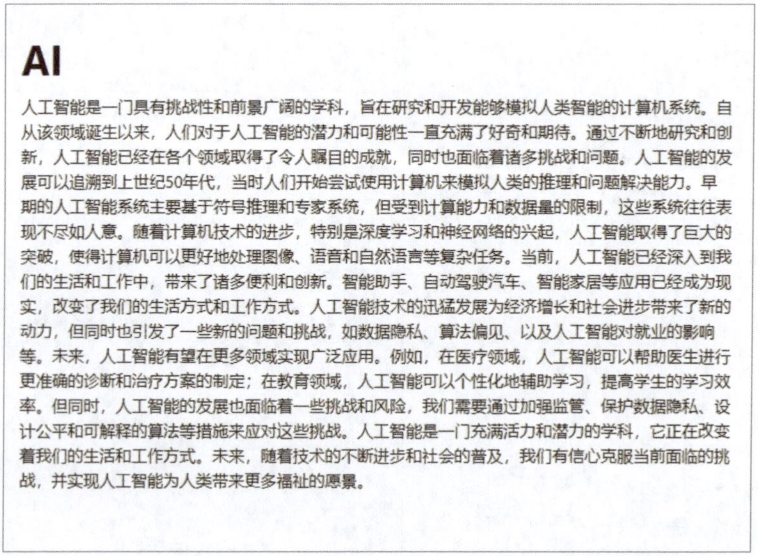

AI

人工智能是一门具有挑战性和前景广阔的学科,旨在研究和开发能够模拟人类智能的计算机系统。自从该领域诞生以来,人们对于人工智能的潜力和可能性一直充满了好奇和期待。通过不断地研究和创新,人工智能已经在各个领域取得了令人瞩目的成就,同时也面临着诸多挑战和问题。人工智能的发展可以追溯到上世纪50年代,当时人们开始尝试使用计算机来模拟人类的推理和问题解决能力。早期的人工智能系统主要基于符号推理和专家系统,但受到计算能力和数据量的限制,这些系统往往表现不尽如人意。随着计算机技术的进步,特别是深度学习和神经网络的兴起,人工智能取得了巨大的突破,使得计算机可以更好地处理图像、语音和自然语言等复杂任务。当前,人工智能已经深入到我们的生活和工作中,带来了诸多便利和创新。智能助手、自动驾驶汽车、智能家居等应用已经成为现实,改变了我们的生活方式和工作方式。人工智能技术的迅猛发展为经济增长和社会进步带来了新的动力,但同时也引发了一些新的问题和挑战,如数据隐私、算法偏见,以及人工智能对就业的影响等。未来,人工智能有望在更多领域实现广泛应用。例如,在医疗领域,人工智能可以帮助医生进行更准确的诊断和治疗方案的制定;在教育领域,人工智能可以个性化地辅助学习,提高学生的学习效率。但同时,人工智能的发展也面临着一些挑战和风险,我们需要通过加强监管、保护数据隐私、设计公平和可解释的算法等措施来应对这些挑战。人工智能是一门充满活力和潜力的学科,它正在改变着我们的生活和工作方式。未来,随着技术的不断进步和社会的普及,我们有信心克服当前面临的挑战,并实现人工智能为人类带来更多福祉的愿景。

图7-24

在文章下方单击，按Space键呼出AI，选择Summarize，如图7-25所示。AI总结结果如图7-26所示。

图7-25

图7-26

技巧提示 注意，在AI总结的基础上再检查一下。

7.3.2 查找操作项

查找操作项功能主要用于快速寻找待办事项。假设要去超市买东西，使用Notion制作了一个清单，每买一样就打钩标记。如果清单内容不多，可以一个一个地进行核对，不会花很多时间。如果要买的东西很多，清单内容必然很多，而且购买的顺序也会被打乱，非常容易让人混乱。这个时候，Find action items就能提供帮助了。

01 现在笔者制作了一个购物清单，如图7-27所示。为了方便演示并便于读者理解功能，笔者并没有将清单制作得过于复杂。现在笔者买了部分商品，且对部分已买的商品打钩，如图7-28所示。

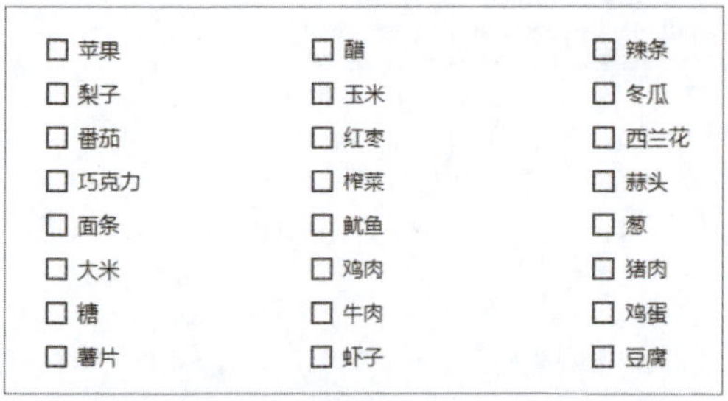

图7-27 　　　　　　图7-28

02 在清单的下方单击，按Space键呼出AI，选择Find action items，如图7-29所示。AI会找出没有打钩的待办事项，如图7-30所示。剩下的待办事项会有序地排列出来，以待处理。这个功能多用于处理内容多且复杂的页面。

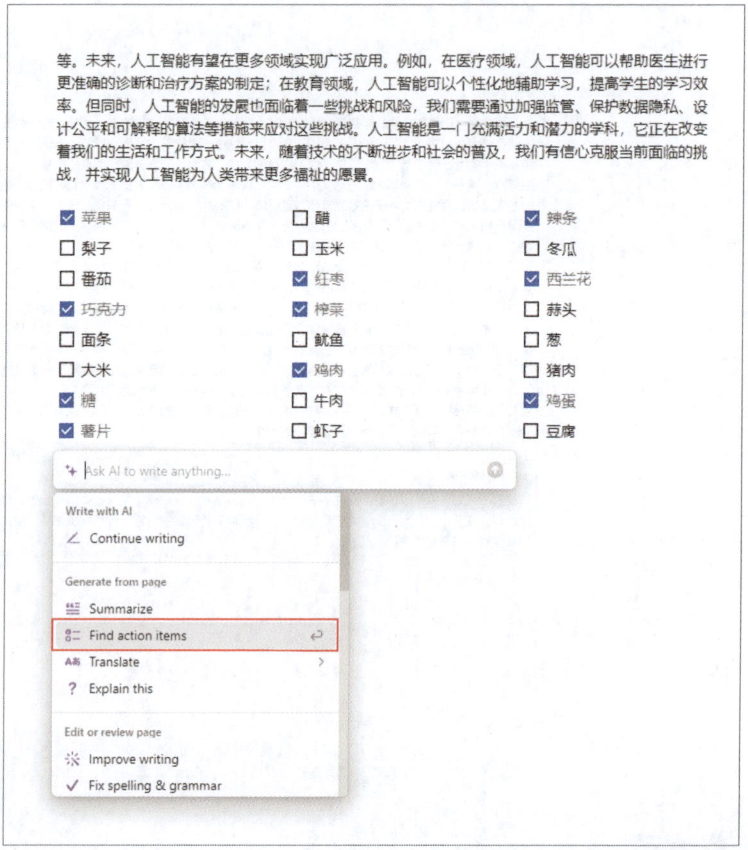

图7-29

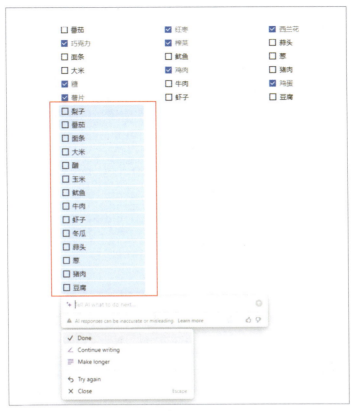

图7-30

7.3.3 翻译

Notion AI自带多国语言的翻译，且翻译水平优于一些普通的翻译软件，对办公有很大的帮助。

01 按Space键呼出AI，将鼠标指针悬停在Translate上，会弹出一个语言菜单，其中包含可翻译的14种常用语言，如图7-31所示。

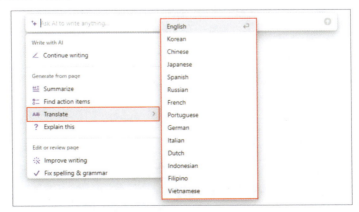

图7-31

02 除了对整篇文章进行翻译外，Notion AI还可以对选中的文本进行翻译。如果只想翻译第1句，可以选中第1句，选中的文本会变为蓝底，接着在弹出的菜单栏中选择Ask AI，如图7-32所示。

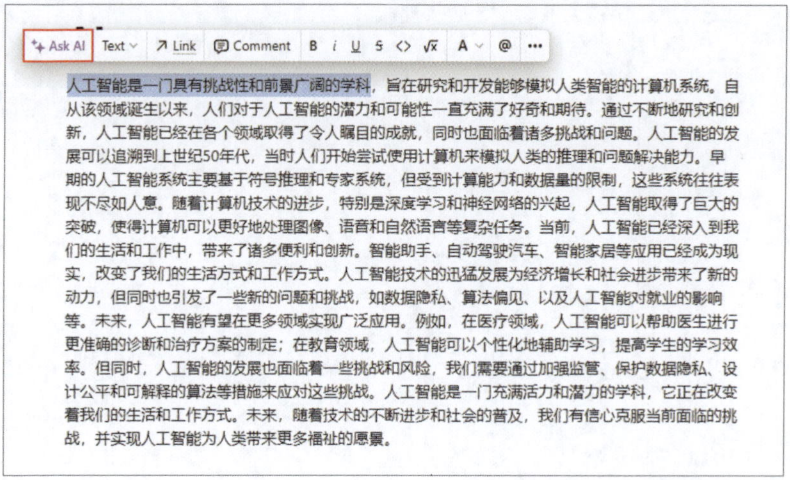

图7-32

03 找到Translate，然后选择English（英语），AI就会将内容翻译为英语，如图7-33和图7-34所示。

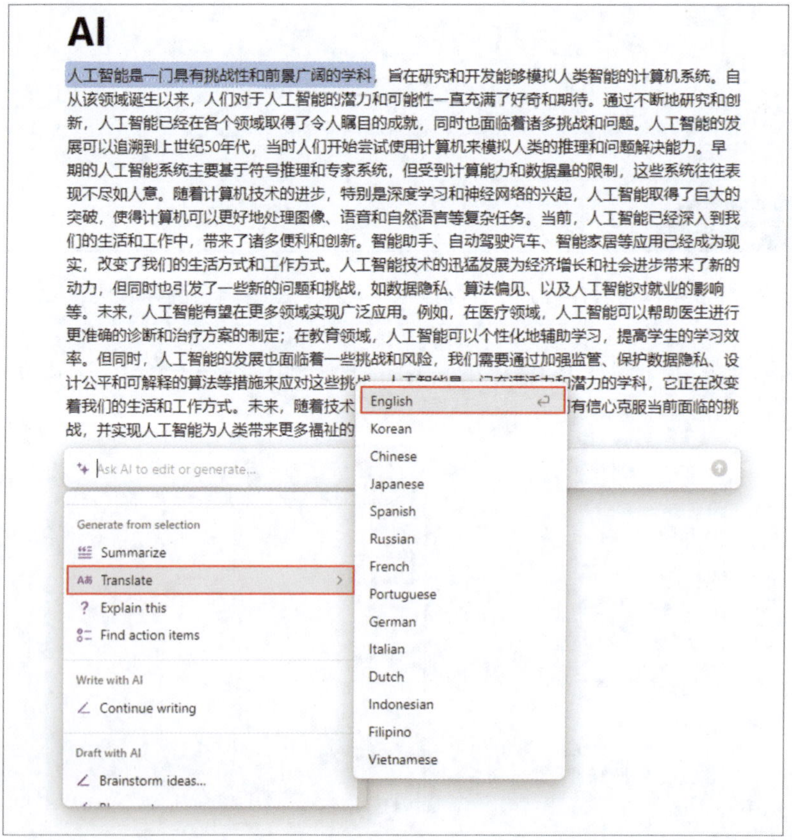

图7-33

图7-34

7.3.4 解析

如果在处理文章或者资料时有不理解的内容，可以考虑让AI来进行解析。例如一篇文章中出现了"算法偏见"这个不易理解的词，可以使用Notion AI中的Explain this进行解析。

选中"算法偏见"这个词，在弹出的菜单栏中选择Ask AI，然后选择Explain this，如图7-35所示。AI会解析这个词，如图7-36所示。这个功能相当于内置的百科小助手。

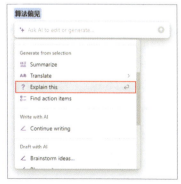

图7-35

图7-36

7.4 Notion AI的改编板块

改编板块用于对现有文章进行修改。按Space键呼出AI，找到Edit or review page（编辑或查阅页面），其中包含6个改编功能，分别是Improve writing（优化写作）、Fix spelling & grammar（修复拼写和语法）、Make shorter（短一点）、Make longer（长一点）、Change tone（改变语调）和Simplify language（简化语言），如图7-37所示。

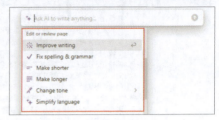

图7-37

7.4.1 优化写作

优化写作功能用于让文章内容显得更加专业，适合对文章写作不是很有信心的人。写完文章后，可以使用这个功能对文章内容进行调整。

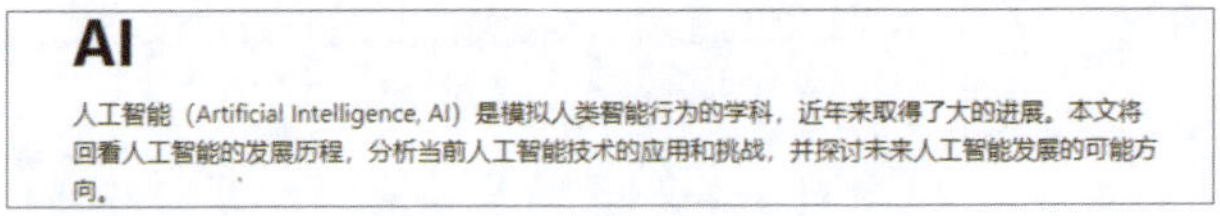

写一段关于AI的短文，如图7-38所示。在文章的下方单击，按Space键呼出AI，选择Improve writing，如图7-39所示。

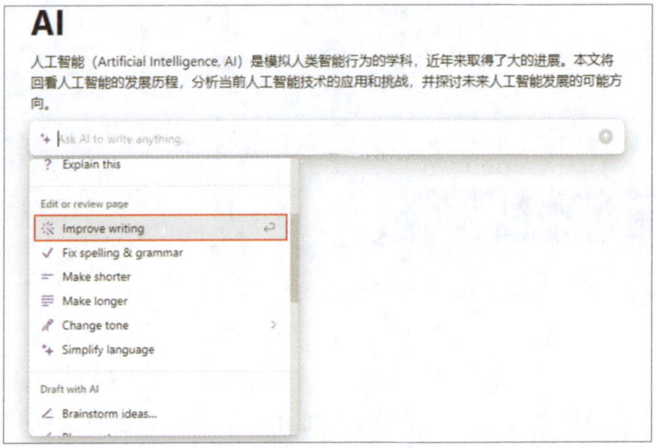

图7-38

图7-39

AI修改的效果如图7-40所示。仔细对比可以发现，AI将一些语句改得更正式了，例如将"取得了大的进展"改为"取得显著进步"，将"本文将回看"改为"本文将回顾"。

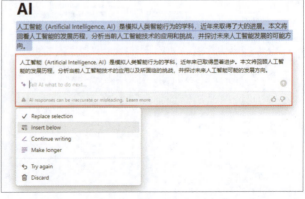

图7-40

7.4.2 修复拼写和语法

修复拼写和语法功能不仅可查找错字，还可以修正语法。

01 在前面的短文中刻意引入一些错误，例如将人类的"人"字改为"认"字，将"近年来已取得显著进步"这一句的语法弄错，改为"近年来已进步取得显著"，如图7-41所示。

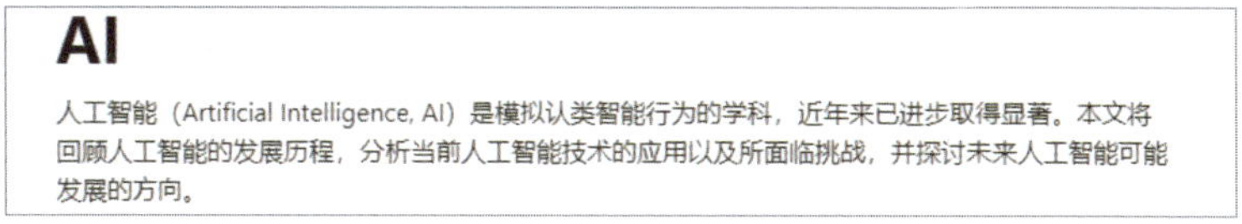

图7-41

02 按Space键呼出AI，选择Fix spelling & grammar，如图7-42所示。AI修改的效果如图7-43所示，不仅改正了错字，还纠正了语法错误。

图7-42

图7-43

7.4.3 短一点和长一点

短一点、长一点功能分别用于将文章篇幅变短（短一点）、变长（长一点）。下面使用图7-44所示的短文来演示将篇幅变短和变长的操作方法。

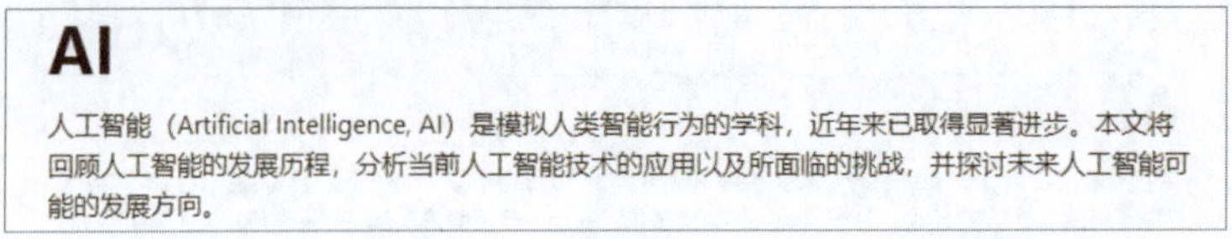

图7-44

1. 短一点

按Space键呼出AI，选择Make shorter，如图7-45所示。AI修改的效果如图7-46所示。

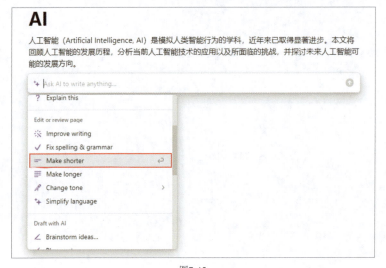

图7-45

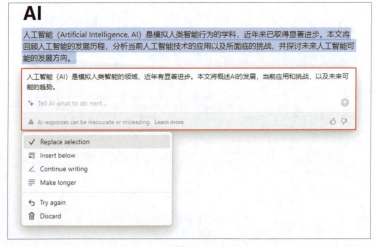

图7-46

2.长一点

按Space键呼出AI，选择Make longer，如图7-47所示。AI修改的效果如图7-48所示。

图7-47

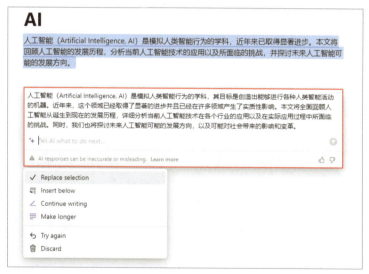

图7-48

> **技巧提示** 使用这个功能时有较小的概率生成有歧义的内容，建议检查一下AI修改后的文章。

7.4.4 改变语调

这个功能一般用于辅助写邮件、回复信息等。假设写了一封普通语调的邮件，要同时发送给多个客户，需要根据客户的性格调整邮件的语调，例如对一些客户要多使用专业术语，对另一些客户要使用简明扼要的表达。

按Space键呼出AI，将鼠标指针悬停于Change tone（改变语调）上，右侧会弹出一个菜单，其中包含5种不同的语调，分别是Professional（专业的）、Casual（随性的）、Straightforward（直截了当的）、Confident（自信的）和Friendly（友好的），如图7-49所示。

图7-49

现在用一篇文章来进行演示，这是一个AI软件的产品简介，如图7-50所示。

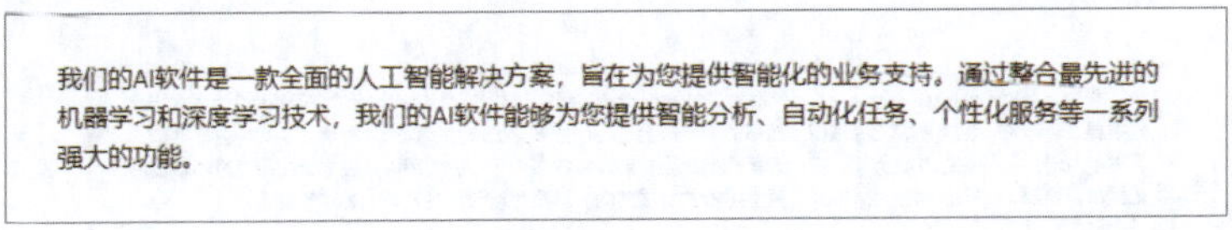

图7-50

01 呼出AI，选择Change tone中的Professional，如图7-51所示。AI修改语调后的效果如图7-52所示，语言表达变得专业不少。

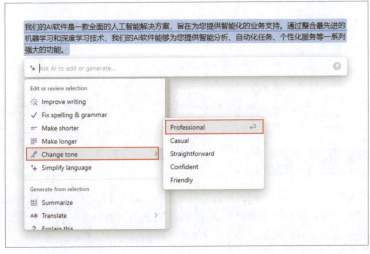

图7-51

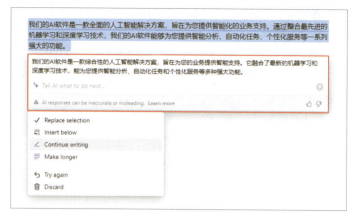

图7-52

02 接下来试一下Casual。选择Casual，如图7-53所示，AI修改语调后的效果如图7-54所示。语言变得不再官方，显得随性。

图7-53

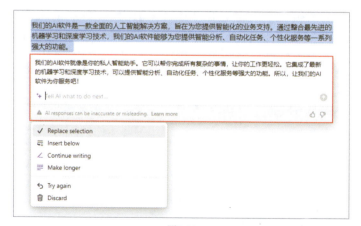

图7-54

技巧提示 读者可以自行尝试剩下的3种语调。在实际工作中可以根据需求进行选择。

7.4.5 简化语言

这个功能与7.3.1中介绍的总结功能不一样，总结功能用于将长文章的要点提取出来并整合成短文章；简化语言功能用于将整篇文章中过于复杂的表述简化，目的还是表述整篇文章，并不会像总结那样删掉一些非重要内容。

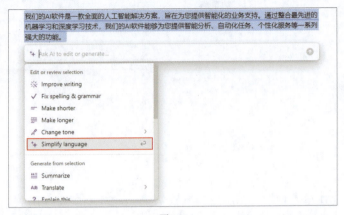

图7-55

这里继续用前面那段关于AI软件产品介绍的文章。呼出AI，选择Simplify language，如图7-55所示。简化后的效果如图7-56所示。仔细对比一下可以发现，简化后的文章使用了更简洁的表述。

图7-56

7.5 Notion的AI块

Notion除了基础块、高级块、数据库等块结构，还有AI块，即AI block。因为前面介绍的AI功能已经能基本满足平时的工作需求，所以AI块大多数时候仅作为辅助功能来使用。

按Space键呼出AI，找到Insert AI blocks（插入AI块），这里包含3种AI块，分别是Summary（摘要）、Action items（行动项目）和Custom AI block（自定义AI块），如图7-57所示。

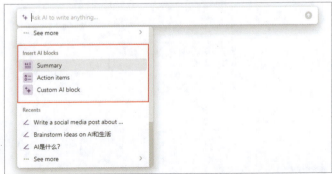

图7-57

7.5.1 摘要

摘要功能是针对页面的。当页面中有很多内容时，只要加上这个摘要的AI块，就可以随时生成摘要。以图7-58所示的文章为例进行演示。

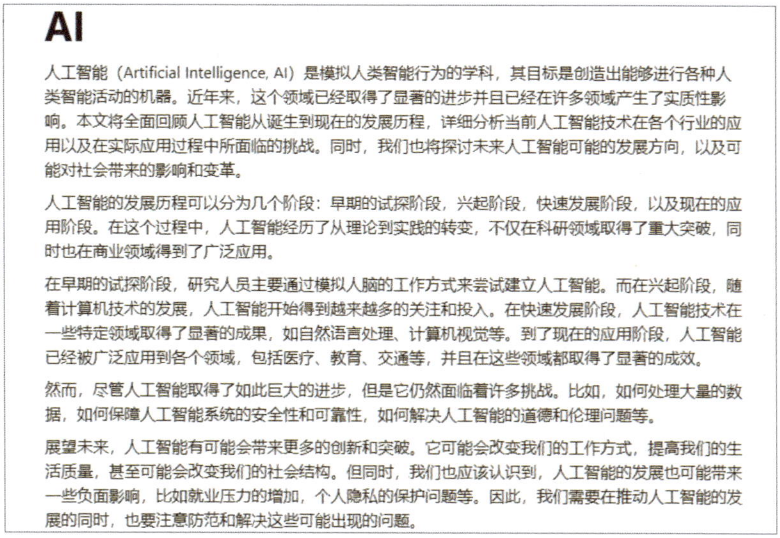

AI

人工智能（Artificial Intelligence, AI）是模拟人类智能行为的学科，其目标是创造出能够进行各种人类智能活动的机器。近年来，这个领域已经取得了显著的进步并且已经在许多领域产生了实质性影响。本文将全面回顾人工智能从诞生到现在的发展历程，详细分析当前人工智能技术在各个行业的应用以及在实际应用过程中所面临的挑战。同时，我们也将探讨未来人工智能可能的发展方向，以及可能对社会带来的影响和变革。

人工智能的发展历程可以分为几个阶段：早期的试探阶段，兴起阶段，快速发展阶段，以及现在的应用阶段。在这个过程中，人工智能经历了从理论到实践的转变，不仅在科研领域取得了重大突破，同时也在商业领域得到了广泛应用。

在早期的试探阶段，研究人员主要通过模拟人脑的工作方式来尝试建立人工智能。而在兴起阶段，随着计算机技术的发展，人工智能开始得到越来越多的关注和投入。在快速发展阶段，人工智能技术在一些特定领域取得了显著的成果，如自然语言处理、计算机视觉等。到了现在的应用阶段，人工智能已经被广泛应用到各个领域，包括医疗、教育、交通等，并且在这些领域都取得了显著的成效。

然而，尽管人工智能取得了如此巨大的进步，但是它仍然面临着许多挑战。比如，如何处理大量的数据，如何保障人工智能系统的安全性和可靠性，如何解决人工智能的道德和伦理问题等。

展望未来，人工智能有可能会带来更多的创新和突破。它可能会改变我们的工作方式，提高我们的生活质量，甚至可能会改变我们的社会结构。但同时，我们也应该认识到，人工智能的发展也可能带来一些负面影响，比如就业压力的增加，个人隐私的保护问题等。因此，我们需要在推动人工智能的发展的同时，也要注意防范和解决这些可能出现的问题。

图7-58

01 在文章下方单击，按Space键呼出AI，找到Insert AI blocks，选择Summary，如图7-59所示。

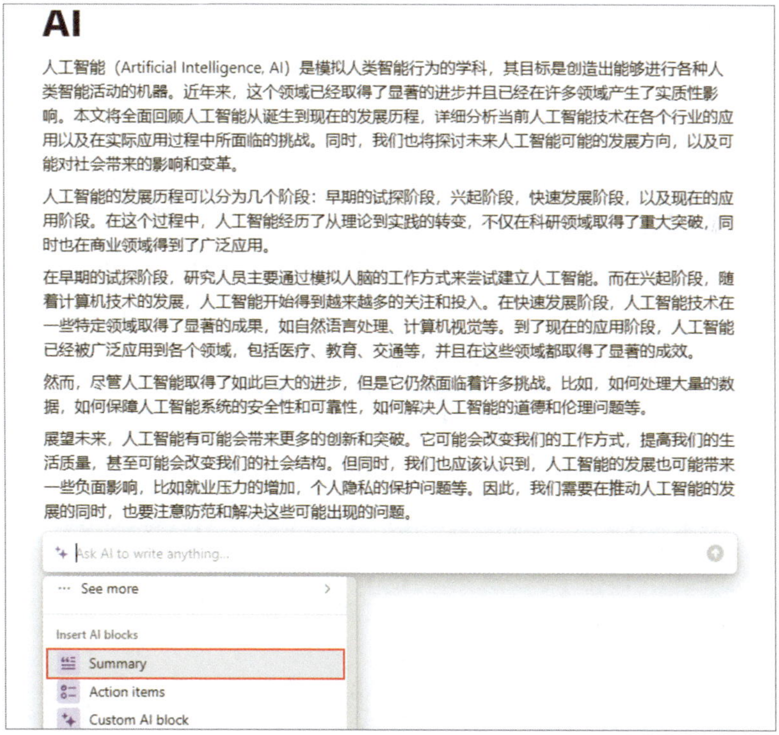

图7-59

02 页面会出现一个摘要的AI块，如图7-60所示。这是一个块，并不是一个直接执行的AI命令，所以在需要生成摘要时可在这个AI块中单击Generate（产生）按钮来生成摘要。

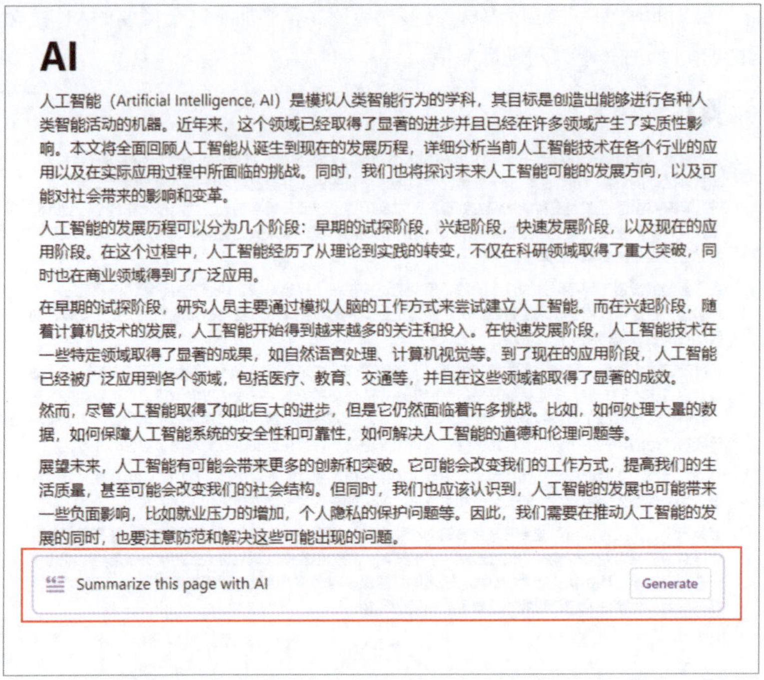

AI

人工智能（Artificial Intelligence, AI）是模拟人类智能行为的学科，其目标是创造出能够进行各种人类智能活动的机器。近年来，这个领域已经取得了显著的进步并且已经在许多领域产生了实质性影响。本文将全面回顾人工智能从诞生到现在的发展历程，详细分析当前人工智能技术在各个行业的应用以及在实际应用过程中所面临的挑战。同时，我们也将探讨未来人工智能可能的发展方向，以及可能对社会带来的影响和变革。

人工智能的发展历程可以分为几个阶段：早期的试探阶段，兴起阶段，快速发展阶段，以及现在的应用阶段。在这个过程中，人工智能经历了从理论到实践的转变，不仅在科研领域取得了重大突破，同时也在商业领域得到了广泛应用。

在早期的试探阶段，研究人员主要通过模拟人脑的工作方式来尝试建立人工智能。而在兴起阶段，随着计算机技术的发展，人工智能开始得到越来越多的关注和投入。在快速发展阶段，人工智能技术在一些特定领域取得了显著的成果，如自然语言处理、计算机视觉等。到了现在的应用阶段，人工智能已经被广泛应用到各个领域，包括医疗、教育、交通等，并且在这些领域都取得了显著的成效。

然而，尽管人工智能取得了如此巨大的进步，但是它仍然面临着许多挑战。比如，如何处理大量的数据，如何保障人工智能系统的安全性和可靠性，如何解决人工智能的道德和伦理问题等。

展望未来，人工智能有可能会带来更多的创新和突破。它可能会改变我们的工作方式，提高我们的生活质量，甚至可能会改变我们的社会结构。但同时，我们也应该认识到，人工智能的发展也可能带来一些负面影响，比如就业压力的增加，个人隐私的保护问题等。因此，我们需要在推动人工智能的发展的同时，也要注意防范和解决这些可能出现的问题。

Summarize this page with AI　Generate

图7-60

03 单击Generate按钮，如图7-61所示。AI生成的摘要如图7-62所示。

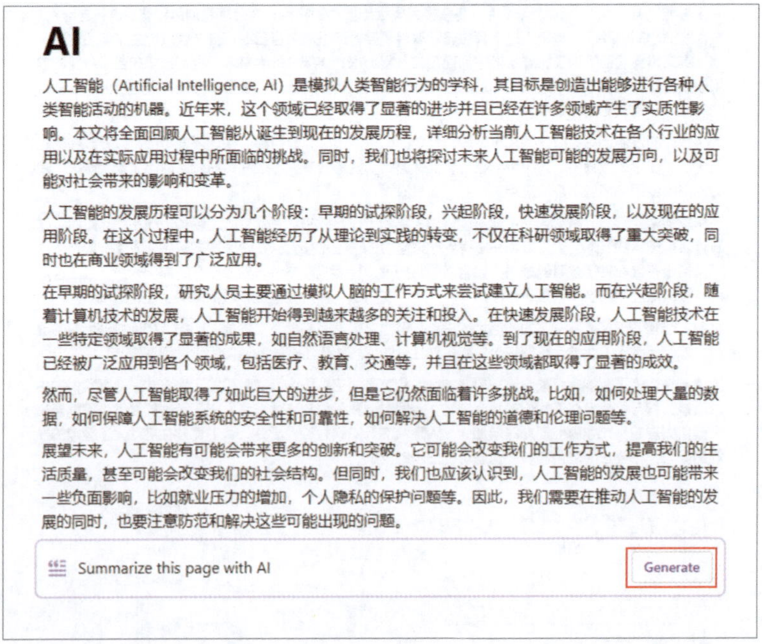

AI

人工智能（Artificial Intelligence, AI）是模拟人类智能行为的学科，其目标是创造出能够进行各种人类智能活动的机器。近年来，这个领域已经取得了显著的进步并且已经在许多领域产生了实质性影响。本文将全面回顾人工智能从诞生到现在的发展历程，详细分析当前人工智能技术在各个行业的应用以及在实际应用过程中所面临的挑战。同时，我们也将探讨未来人工智能可能的发展方向，以及可能对社会带来的影响和变革。

人工智能的发展历程可以分为几个阶段：早期的试探阶段，兴起阶段，快速发展阶段，以及现在的应用阶段。在这个过程中，人工智能经历了从理论到实践的转变，不仅在科研领域取得了重大突破，同时也在商业领域得到了广泛应用。

在早期的试探阶段，研究人员主要通过模拟人脑的工作方式来尝试建立人工智能。而在兴起阶段，随着计算机技术的发展，人工智能开始得到越来越多的关注和投入。在快速发展阶段，人工智能技术在一些特定领域取得了显著的成果，如自然语言处理、计算机视觉等。到了现在的应用阶段，人工智能已经被广泛应用到各个领域，包括医疗、教育、交通等，并且在这些领域都取得了显著的成效。

然而，尽管人工智能取得了如此巨大的进步，但是它仍然面临着许多挑战。比如，如何处理大量的数据，如何保障人工智能系统的安全性和可靠性，如何解决人工智能的道德和伦理问题等。

展望未来，人工智能有可能会带来更多的创新和突破。它可能会改变我们的工作方式，提高我们的生活质量，甚至可能会改变我们的社会结构。但同时，我们也应该认识到，人工智能的发展也可能带来一些负面影响，比如就业压力的增加，个人隐私的保护问题等。因此，我们需要在推动人工智能的发展的同时，也要注意防范和解决这些可能出现的问题。

Summarize this page with AI　Generate

图7-61

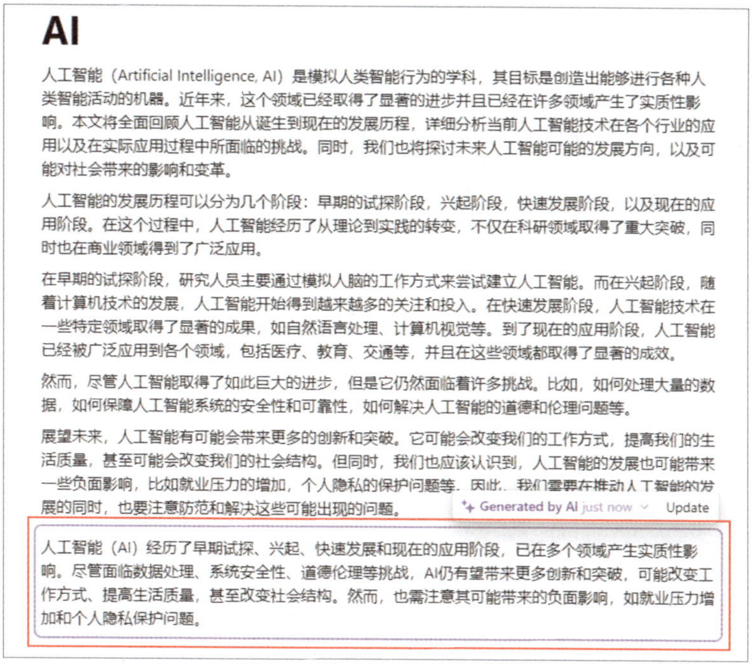

图7-62

7.5.2 行动项目

这个AI块主要用于找出文章中的行动项目。

01 选择Action items，如图7-63所示。页面中会生成寻找行动项目的AI块，如图7-64所示。

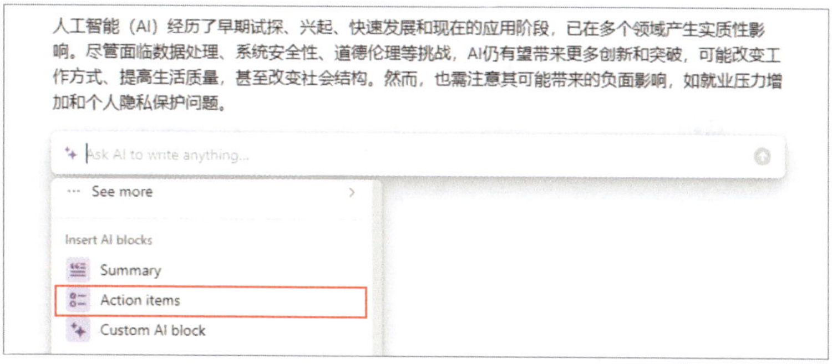

图7-63

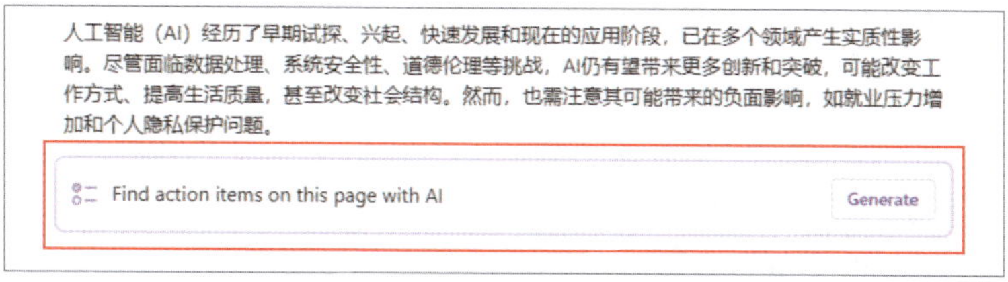

图7-64

02 单击Generate按钮，效果如图7-65所示。AI根据文章列出了行动项目。

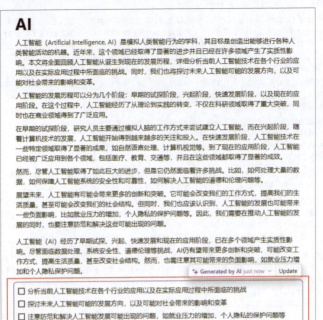

图7-65

7.5.3 自定义AI块

除了摘要和行动项目这两个常用的AI块，用户还可以自定义AI块。

01 选择Custom AI block，如图7-66所示。此时，会生成一个自定义AI块，如图7-67所示。该AI块中没有任何命令，灰色文字"Tell the AI what to write"提示用户"告诉AI要写什么"。

图7-66

图7-67

02 假设想要这个AI块有翻译英语的功能，可以输入"Translate into English"，如图7-68所示。

图7-68

03 当需要翻译的时候，单击Generate按钮即可，效果如图7-69所示，文中的"你好"被翻译成"Hello"。同理，需要什么功能，直接自定义即可。

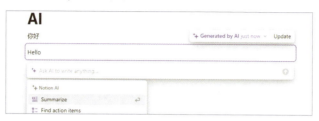

图7-69

7.6 数据库中的AI

在数据中同样可以应用AI功能。例如，创建一个读书管理的数据库，如图7-70所示。基本上数据库中的内容都需要用户自己输入，应用到AI的地方就是数据库中每个项目的详情页。这个数据库中的第1本书是《你好》，在数据库中只能看到的这本书的各项数据，例如类型、读书进度等。但是这本书的详细介绍在哪里呢？

图7-70

01 将鼠标指针悬停于"书名"列第1行上，会显示OPEN字样，如图7-71所示。

02 单击OPEN字样，如图7-72所示。页面的右侧会显示该项目的详情页，如图7-73所示。用户可以在这里进行添加图书介绍、编辑内容，以及添加图片等操作。

图7-72

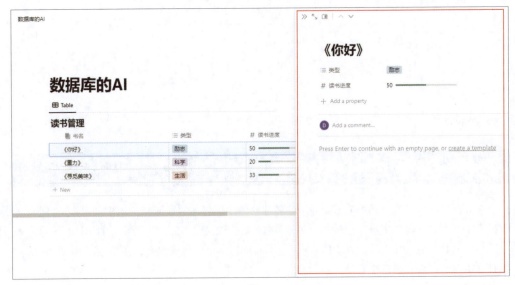

图7-73

03 在详情页中可以使用熟悉的命令，例如按Space键呼出AI、按"/"键调出菜单，如图7-74所示。在这里，可以使用前面介绍的操作使用AI功能。

图7-74

第 8 章
工作方向实训案例

本章将介绍Notion和Notion AI在工作中的实训案例，通过对这些案例的学习和操作，读者能够将这些方法带入实际工作中，从而提高工作效率。注意，不是有了Notion AI，就可以当"甩手掌柜"，要合理地使用Notion AI去替代工作中的部分工作，最终的决定性操作还是需要自己完成。

8.1 开启文案创意头脑风暴

在进行各类文案创作时,首先便是构思阶段,包括激发灵感、探索不同创意方向、规划内容结构等。利用Notion AI能迅速拓宽思维。

任务要求:提出一个将AI技术与水果产业相结合的创新方案。

面对"水果与AI"这一主题,许多人可能会感到无从下手,即便能够联想到某些方面,实际可撰写的内容也可能寥寥无几。在这个阶段,问题并非文案创作能力不足,而是缺乏充分的头脑风暴。面对知识领域跨度较大的主题,通常难以迅速产生创意,这时就需要投入时间进行详尽的资料收集。现在可以依靠Notion AI辅助完成这一阶段的头脑风暴工作。样例如图8-1所示。

- {AI用于预测水果产量和市场需求}
- {利用AI技术开发水果成熟度检测器}
- {使用AI和无人机技术进行高效的水果采摘}
- {AI辅助农民更准确地控制水果生长环境}
- {利用AI进行水果品质分类和筛选}
- {开发AI食谱推荐器,根据用户喜好推荐水果食谱}
- {AI监测和分析水果市场价格波动}
- {基于AI的水果农田病虫害预警系统}
- {AI帮助设计和优化水果供应链}
- {利用AI创建虚拟水果品尝体验}
- {使用AI进行水果种植模式优化,提高产量和质量}
- {AI在水果仓储和物流中的应用,如预测最佳运输路线和时间}
- {利用AI技术开发个性化的水果营养建议系统}
- {AI在水果零售中的应用,如智能货架和自助结账}
- {利用AI技术研发水果病害识别和治疗系统}
- {开发基于AI的水果种植教学平台,实时反馈和指导农民}
- List

图8-1

01 按Space键呼出AI,选择Draft with AI中的Brainstorm ideas,如图8-2所示。输入"AI与水果结合",如图8-3所示。

图8-2

图8-3

02 按Enter键发送指令，AI会提供一些思路，如图8-4所示。可以针对每一个可用的思路进行拓展。如果提供的思路都不能用，或者还想要一些思路，选择Continue writing，如图8-5所示。

图8-4

图8-5

03 AI继续写的效果如图8-6所示，又多了一些思路。用户可以不断地使用Continue writing功能让AI持续提供思路。注意，用的次数越多，越容易出现同质化的思路，所以使用两三次Continue writing功能即可。

图8-6

04 现在的思路提供得差不多了，选择Done，如图8-7所示。在页面中会插入一个带项目符号的列表，如图8-8所示。

图8-7　　　　　　　　　　图8-8

05 下面可以根据这些思路进行内容编写。另外，用户可以用"套娃"的方式来继续延伸，例如对于第一个"AI用于预测水果产量和市场需求"，可以将其作为主题提供给AI，如图8-9所示。AI会根据"AI用于预测水果产量和市场需求"这个主题继续提供思路，如图8-10所示。

图8-9　　　　　　　　　　图8-10

无论要撰写哪种类型的文案，Notion AI都能迅速提供创意。注意，AI技术仅作为辅助工具，并不能替代创作者本人。因此，AI生成的创意需经过仔细筛选，不可盲目地全盘采纳。获得初步创意后，可以利用AI来帮助起草文案。尽管如此，依然建议用户在撰写具体内容时，亲自收集资料并亲笔完成，以确保作品的质量和独特性。

8.2 写商务邮件

多数企业在处理海外业务时，通常会通过电子邮件与客户进行沟通。在AI技术尚未普及的时代，企业普遍会储备一系列商务邮件模板。针对不同客户的特定需求，选用相应的模板，并对其进行个性化的调整和编辑。如果不利用这些预设模板，而是每一封商务邮件均从头撰写，无疑将耗费大量的时间与精力。现在有了Notion AI，可以直接让AI辅助进行商务邮件的编写。样例如图8-11所示。

任务要求：写一份关于AI软件销售的商务邮件。

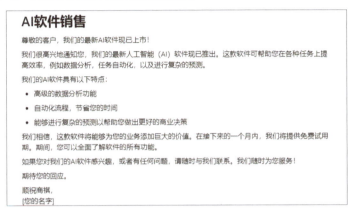

图8-11

01 按Space键呼出AI，选择Draft with AI中See more的Sales email（销售邮件），如图8-12所示。输入"AI软件销售"，如图8-13所示。

图8-12

图8-13

02 按Enter键发送指令，AI写出了一份关于"AI软件销售"的商务邮件，如图8-14所示。仔细看一下这份邮件，感觉还不错，那么接下来就需要根据公司业务的实际情况进行人工添加、删减和修改。注意，千万不要将AI生成的内容直接发给客户，一定要检查并修正。

技巧提示 如果觉得这份邮件不够好，可以配合其他AI功能继续优化，例如短一点、长一点或者改变语调。

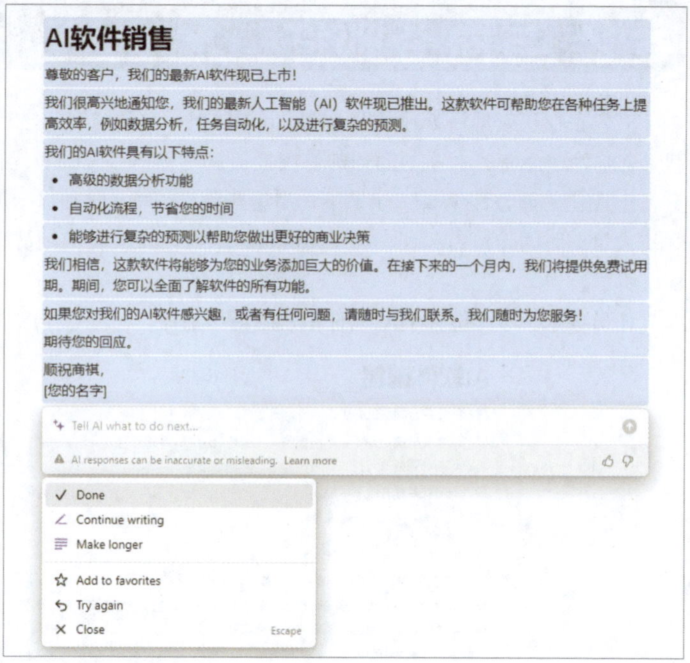

图8-14

03 选择Done，页面如图8-15所示，表示邮件已经以文本形式写好。笔者认为最后两句有点简短，所以选中它们，在弹出的菜单栏中选择Ask AI，如图8-16所示。

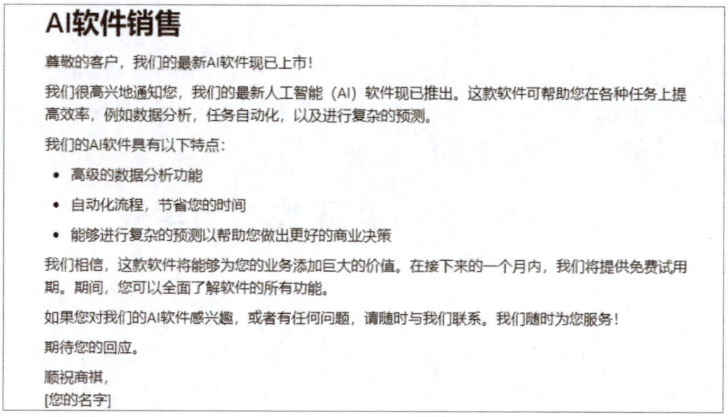

图8-15

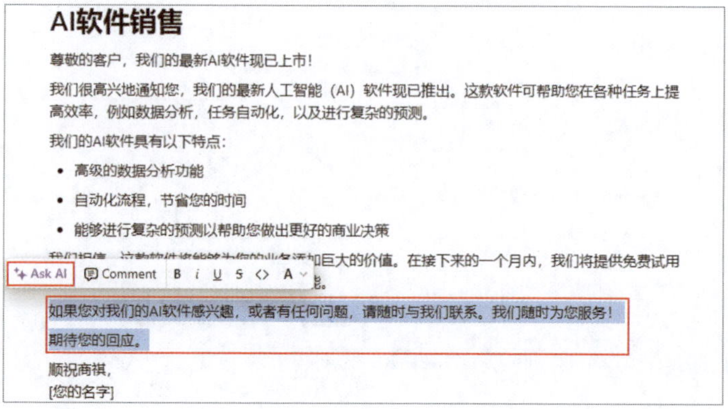

图8-16

04 选择Make longer，如图8-17所示，AI会对选择的内容进行扩写。确认无误后选择下方的Replace selection（替换选择），即可用AI扩写的内容替换掉原来选中的内容，如图8-18所示。

图8-17

图8-18

技巧提示 在撰写商务邮件时，并非篇幅越长越好。应依据客户需求及业务状况，编写恰当的内容。AI的辅助旨在为我们节约宝贵的时间。

109

8.3 整理会议记录

在重要会议中，通常会配备记录人员，以往这些人员需要具备快速录入的能力，以确保会议信息被准确记录。在如今这个智能时代，我们拥有更为高效的技术手段。目前，许多智能录音软件能够实现录音并直接转换成文字。但这些技术仍存在一些局限性。例如，如果会议中多人同时发言，或者发生插话和争论，或者一人发言未完另一人就开始发言，普通的录音软件往往无法准确区分不同的人声。这可能导致转换成文字后的记录出现混乱或错误，常见的问题包括转换出的文字缺标点符号、有文字和语法错误等，需要人工后期修正，这无疑增加了工作难度。Notion AI 能有效解决这一问题，提高记录的准确性和效率。样例如图8-19所示。

任务要求：根据录音内容整理会议记录。

> 欢迎各位参加今天的AI软件开发会议。我们的目标是讨论当前的进展、挑战和未来的发展方向。首先，让我们听听各位对目前AI软件开发的看法。我认为目前在AI软件开发方面最大的挑战之一是数据的质量和数量。虽然有大量的数据可用，但是很难找到质量高且多样化的数据集，这对于训练准确的模型至关重要。同意，此外我认为解释性AI也是一个重要议题。在某些领域，特别是在医疗和金融领域，我们需要能够理解模型的决策过程，而不仅仅是黑盒子式的结果。对于解释性AI，我认为我们需要更多的研究来找到平衡点。我们需要确保解释性不会以牺牲性能为代价，这可能需要一些创新的方法来实现。除了数据和解释性之外，我想提一下AI模型的部署和维护。开发出一个好的模型只是第一步，将其部署到实际应用中并确保其持续有效性是一个更大的挑战。这些都是非常重要的观点，接下来我们应该考虑如何应对这些挑战，以及推动AI软件开发的进一步发展。有没有关于解决这些问题的具体建议或者最佳实践？我认为建立数据合作伙伴关系可能是解决数据问题的一种方式。通过与数据提供者合作，我们可以获得更广泛、更高质量的数据，从而改善我们的模型训练效果。对于解释性AI，我认为我们需要采用一种混合方法。除了传统的解释性技术外，还可以考虑使用可解释性强的模型，如决策树和规则引擎，以提高整体的可解释性。关于模型部署和维护，我认为自动化是关键。我们可以投资于开发自动化工具和流程，以简化部署和维护过程，并降低人为错误的风险。此外，持续的监控和反馈机制也是至关重要的。只有通过监控模型的性能和使用情况，我们才能及时发现问题并进行调整。这些建议都非常有价值，感谢各位的分享。在接下来的讨论中，我们将继续探讨这些话题，并寻找更多创新的解决方案。有没有其他的问题或者想法需要分享？
>
> <mark>AI软件开发面临的主要挑战包括数据的质量和数量、解释性AI以及模型的部署和维护。解决方案可能包括建立数据合作伙伴关系以获取高质量数据，采用混合方法提高AI的解释性，以及投资自动化工具和流程简化模型部署和维护。持续的监控和反馈机制也是保证模型性能的关键。</mark>

图8-19

01 假设现在用录音软件把会议内容录了下来，然后转成了文字，现在需要将这份会议记录整理好。录音软件转出来的文字如图8-20所示，现在没有标点符号，且内容很混乱。

> 欢迎各位参加今天的AI软件开发会议我们的目标是讨论当前的进展挑战和未来的发展方向首先让我们听听各位对目前AI软件开发的看法我认为目前在AI软件开发方面最大的挑战之一是数据的质量和数量虽然有大量的数据可用但是很难找到质量高且多样化的数据集这对于训练准确的模型至关重要 同意 此外我认为解释性AI也是一个重要议题在某些领域特别是在医疗和金融领域 我们需要能够理解模型的决策过程而不仅仅是黑盒子式的结果对于解释性AI我认为我们需要更多的研究来找到平衡点我们需要确保解释性不会以牺牲性能为代价这可能需要一些创新的方法来实现除了数据和解释性之外我想提一下AI模型的部署和维护开发出一个好的模型只是第一步将其部署到实际应用中并确保其持续有效性是一个更大的挑战这些都是非常重要的观点接下来我们应该考虑如何应对这些挑战以及推动AI软件开发的进一步发展有没有关于解决这些问题的具体建议或者最佳实践我认为建立数据合作伙伴关系可能是解决数据问题的一种方式通过与数据提供者合作我们可以获得更广泛更高质量的数据从而改善我们的模型训练效果对于解释性AI我认为我们需要采用一种混合方法除了传统的解释性技术外还可以考虑使用可解释性强的模型如决策树和规则引擎以提高整体的可解释性关于模型部署和维护我认为自动化是关键我们可以投资于开发自动化工具和流程以简化部署和维护过程并降低人为错误的风险同此外持续的监控和反馈机制也是至关重要的只有通过监控模型的性能和使用情况我们才能及时发现问题并进行调整这些建议都非常有价值感谢各位的分享在接下来的讨论中我们将继续探讨这些话题并寻找更多创新的解决方案有没有其他的问题或者想法需要分享

图8-20

02 按Space键呼出AI，选择Fix spelling & grammar，如图8-21所示。AI会进行文字和语法修正，并添加标点符号，如图8-22所示。检查一下文章，确保整理的效果合理。

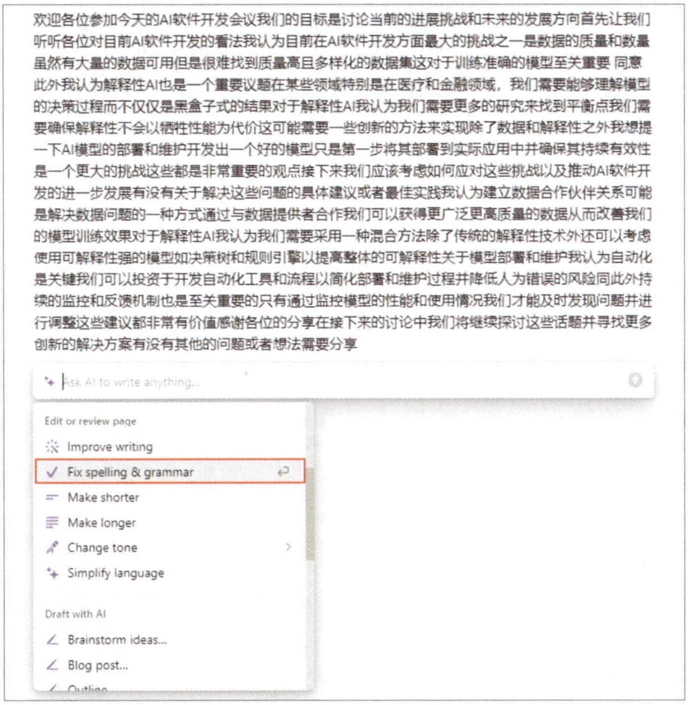

图8-21

图8-22

03 选择Replace selection，原文被替换成整理后的版本，如图8-23所示。

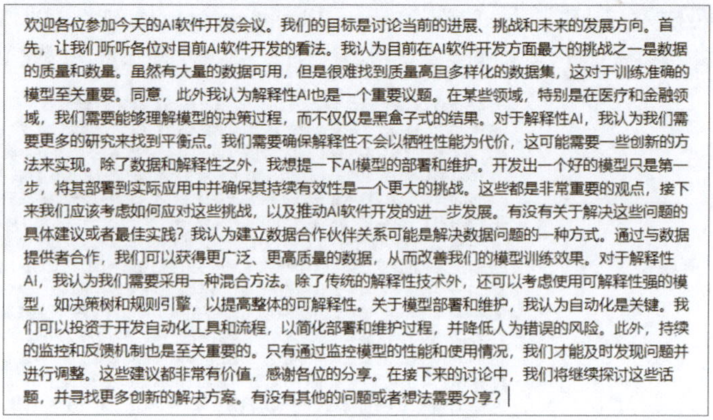

欢迎各位参加今天的AI软件开发会议。我们的目标是讨论当前的进展、挑战和未来的发展方向。首先，让我们听听各位对目前AI软件开发的看法。我认为目前在AI软件开发方面最大的挑战之一是数据的质量和数量。虽然有大量的数据可用，但是很难找到质量高且多样化的数据集，这对于训练准确的模型至关重要。同意，此外我认为解释性AI也是一个重要议题。在某些领域，特别是在医疗和金融领域，我们需要能够理解模型的决策过程，而不仅仅是黑盒子式的结果。对于解释性AI，我认为我们需要更多的研究来找到平衡点。我们需要确保解释性不会以牺牲性能为代价，这可能需要一些创新的方法来实现。除了数据和解释性之外，我想提一下AI模型的部署和维护。开发出一个好的模型只是第一步，将其部署到实际应用中并确保其持续有效性是一个更大的挑战。这些都是非常重要的观点，接下来我们应该考虑如何应对这些挑战，以及推动AI软件开发的进一步发展。有没有关于解决这些问题的具体建议或者最佳实践？我认为建立数据合作伙伴关系可能是解决数据问题的一种方式。通过与数据提供者合作，我们可以获得更广泛、更高质量的数据，从而改善我们的模型训练效果。对于解释性AI，我认为我们需要采用一种混合方法。除了传统的解释性技术外，还可以考虑使用可解释性强的模型，如决策树和规则引擎，以提高整体的可解释性。关于模型部署和维护，我认为自动化是关键。我们可以投资于开发自动化工具和流程，以简化部署和维护过程，并降低人为错误的风险。此外，持续的监控和反馈机制也是至关重要的。只有通过监控模型的性能和使用情况，我们才能及时发现问题并进行调整。这些建议非常有价值，感谢各位的分享。在接下来的讨论中，我们将继续探讨这些话题，并寻找更多创新的解决方案。有没有其他的问题或者想法需要分享？

图8-23

04 接下来用Notion AI对这段会议记录进行总结。按Space键呼出AI，选择Summarize，如图8-24所示。会议记录的总结结果如图8-25所示。剩下的工作就是根据实际需求手动整理和修正，这样就很便捷地完成了会议记录的整理。

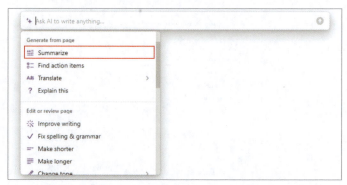

图8-24

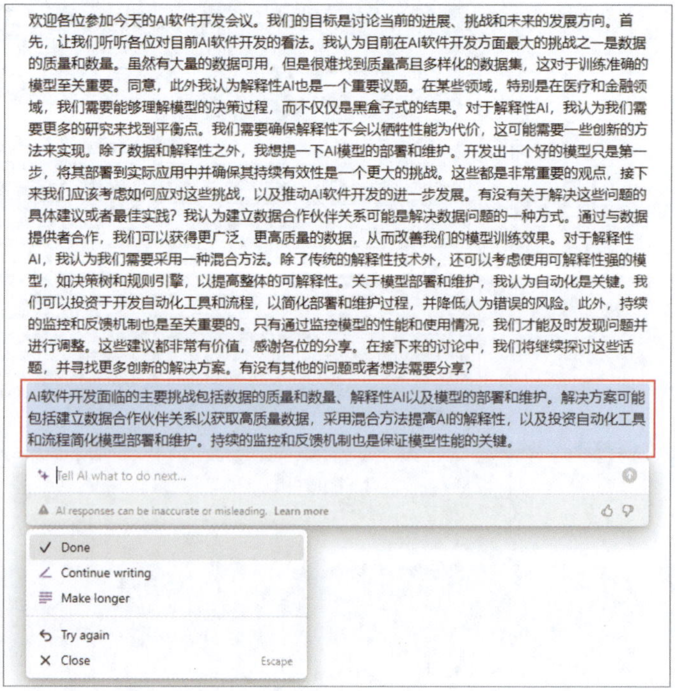

欢迎各位参加今天的AI软件开发会议。我们的目标是讨论当前的进展、挑战和未来的发展方向。首先，让我们听听各位对目前AI软件开发的看法。我认为目前在AI软件开发方面最大的挑战之一是数据的质量和数量。虽然有大量的数据可用，但是很难找到质量高且多样化的数据集，这对于训练准确的模型至关重要。同意，此外我认为解释性AI也是一个重要议题。在某些领域，特别是在医疗和金融领域，我们需要能够理解模型的决策过程，而不仅仅是黑盒子式的结果。对于解释性AI，我认为我们需要更多的研究来找到平衡点。我们需要确保解释性不会以牺牲性能为代价，这可能需要一些创新的方法来实现。除了数据和解释性之外，我想提一下AI模型的部署和维护。开发出一个好的模型只是第一步，将其部署到实际应用中并确保其持续有效性是一个更大的挑战。这些都是非常重要的观点，接下来我们应该考虑如何应对这些挑战，以及推动AI软件开发的进一步发展。有没有关于解决这些问题的具体建议或者最佳实践？我认为建立数据合作伙伴关系可能是解决数据问题的一种方式。通过与数据提供者合作，我们可以获得更广泛、更高质量的数据，从而改善我们的模型训练效果。对于解释性AI，我认为我们需要采用一种混合方法。除了传统的解释性技术外，还可以考虑使用可解释性强的模型，如决策树和规则引擎，以提高整体的可解释性。关于模型部署和维护，我认为自动化是关键。我们可以投资于开发自动化工具和流程，以简化部署和维护过程，并降低人为错误的风险。此外，持续的监控和反馈机制也是至关重要的。只有通过监控模型的性能和使用情况，我们才能及时发现问题并进行调整。这些建议非常有价值，感谢各位的分享。在接下来的讨论中，我们将继续探讨这些话题，并寻找更多创新的解决方案。有没有其他的问题或者想法需要分享？

AI软件开发面临的主要挑战包括数据的质量和数量、解释性AI以及模型的部署和维护。解决方案可能包括建立数据合作伙伴关系以获取高质量数据，采用混合方法提高AI的解释性，以及投资自动化工具和流程简化模型部署和维护。持续的监控和反馈机制也是保证模型性能的关键。

图8-25

8.4 抓取和整理行业资讯

在进行市场调查时通常需要抓取并整理大量行业资讯。这些信息主要通过各大新闻网站、行业门户网站和论坛等渠道获得。过去常采用"复制粘贴"的方式,将信息分段整理至个人计算机中,同时打开多个文本文件和文件夹进行管理。有时,也会将信息复制到文本编辑软件中进行整理。

在文本管理软件方面,笔者认为Notion是目前较为高效的工具。例如,若公司计划开展AI领域的业务,需要进行初步的资料收集,包括获取并整理与AI相关的行业资讯。鉴于这类资讯每日都在更新,通常建议以时间为单位来组织资料。根据个人需求,可以选择按月、按周或按天来整理资讯。样例如图8-26所示。

任务要求:抓取和整理AI行业的最新资讯。

图8-26

01 设定以一周为单位,创建一个页面,并命名为"AI行业最新资讯(4月6日~4月12日)",如图8-27所示。

图8-27

02 从网络中寻找一些相关的资讯,找到以后不用复制网页中的文字、图片等,直接复制网址至Notion中,按"/"键调出菜单,选择Web bookmark,如图8-28所示。效果如图8-29所示。

图8-28

图8-29

03 粘贴前面复制的网址,然后单击Create bookmark（生成网页书签）按钮，如图8-30所示。网页书签生成后的效果如图8-31所示。当前页面已经嵌入了一个网页书签,该书签展示了网页内容的摘要及其网址。用户无须为书签单独设置标题,因为通过阅读摘要即可大致了解内容。如果需要获取详细信息,只需单击该书签,系统便会自动跳转至相应网页。

图8-30

图8-31

04 继续找一篇带有视频讲解的资讯。在以前,若要保存视频信息,要么人工将视频内容记录下来,要么将视频下载下来,比较麻烦。现在用前面的方法,复制该视频资讯的网址,然后添加一个网页书签,效果如图8-32所示,展示内容除了摘要和网址,还有视频的缩略图。使用这个方法,可以不断地利用Notion存储各种资讯。

图8-32

05 使用AI功能辅助。假设抓取的是有外语的资讯,可以利用AI翻译功能进行翻译。在两个网页书签下方单击,按Space键呼出AI,找到Translate,选择English,如图8-33所示。AI翻译完成后,页面效果如图8-34所示,展示了两段英文摘要。只需单击这两段摘要,即可跳转至相应的网页。

图8-33

图8-34

8.5 制作招聘信息

在制作招聘信息方面,AI技术的应用十分普遍。通常,企业会利用AI技术生成初步的招聘文案,随后根据具体的需求进行适当调整。在撰写招聘信息时,文员可能对不同岗位的专业要求了解不足,因此经常需要咨询其他部门的专业人士以确保职位描述的准确性。尤其是在公司岗位种类繁多时,这一过程尤显复杂。

而采用Notion AI直接生成针对各类职位的需求描述,可以提高工作效率。例如,对于软件开发员、软件美工及软件销售业务员等岗位,Notion AI可以迅速生成详尽的招聘文案。这一过程仅需几秒,之后只需进行人工审核和按需细化即可。样例如图8-35所示。

任务要求:制作软件行业的招聘信息。

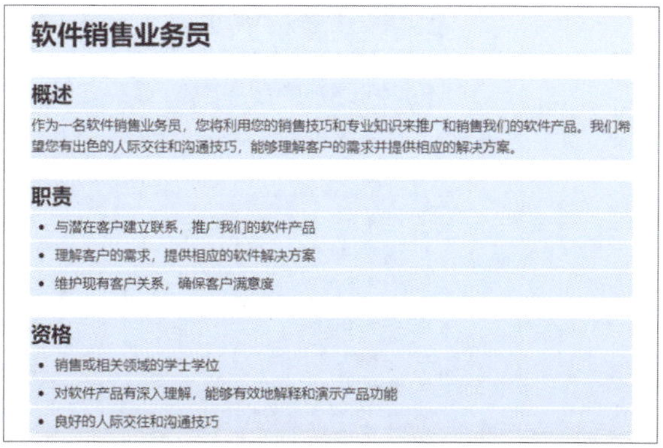

图8-35

01 按Space键呼出AI，选择Draft with AI中的Job description（职业描述），如图8-36所示。输入"软件开发员"，如图8-37所示。结果如图8-38所示。

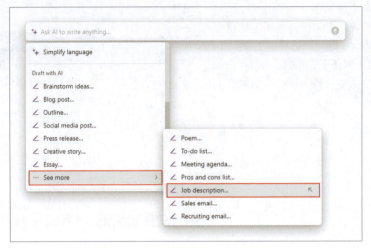

图8-36

图8-37

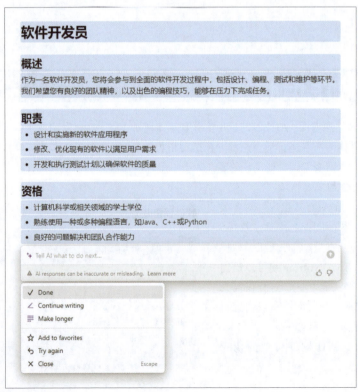

图8-38

02 一般情况下，由AI生成的内容只需稍做修改，并补充公司特定要求即可。此外，还可以让AI撰写更长、更专业的内容。继续使用AI生成"软件美工"和"软件销售业务员"两个职位的招聘信息，具体效果如图8-39和图8-40所示。可以发现，内容基本没有什么问题，但是无论哪种职业，AI给出的结果都比较格式化，务必在这些格式化内容的基础上进行调整。

图8-39

图8-40

8.6 制作数据统计表

在进行统计分析时，Excel表格是常用的工具。Notion的优势在于将整个工作流程集中在了一个平台，无须在各软件之间频繁切换。可以直接在Notion上创建和编辑表格，无须转到Excel进行操作，提高了工作效率。

下面将创建一个饮品店本周产品销售数据表。该表格旨在统计本周各产品的销售情况，以便进行后续的产品调整和策略规划。尤其对于新开业的店铺而言，在最初几个月内进行销售统计分析非常重要。样例如图8-41所示。

任务要求：制作产品销售数据表。

本周产品销售数据								
Aa 产品名称	周一销量	周二销量	周三销量	周四销量	周五销量	周六销量	周日销量	
奶茶	21	22	27	24	70	89	102	
柠檬茶	13	11	17	15	38	55	41	
拿铁	25	27	33	31	68	107	98	
椰奶	15	16	18	20	46	80	78	
果汁	7	9	14	11	30	54	66	

图8-41

01 按"/"键调出菜单，选择Database - Inline（数据库内联），如图8-42所示。创建的数据库如图8-43所示，现在是默认的Table视图。

图8-42　　　　　　　　　　图8-43

技巧提示 为了分析店内各产品在一周内的销售情况，必须创建一个数据表。通过这种方式，可以控制后续的资源投入和产出比例，决定哪些商品需要增加库存，哪些可以减少。此外，还需确定一周中各产品的销售规律，以便能提前为需求量大的时期准备相对充足的产品。

02 输入表格的标题和产品名称，如图8-44所示。表格默认只有三行，单击底部的 + New 即可增加新行，如图8-45所示。这里需要再添加两款产品，如图8-46所示。实际上一家店会有很多产品，根据实际情况添加即可。

图8-44

图8-45

图8-46

03 现在第2列默认的类型是Tags，单击并选择Edit property，如图8-47所示。在弹出的界面中选择Type，如图8-48所示。在弹出的菜单中选择Text，如图8-49所示。

图8-47

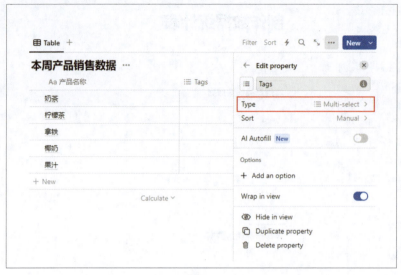

图8-48

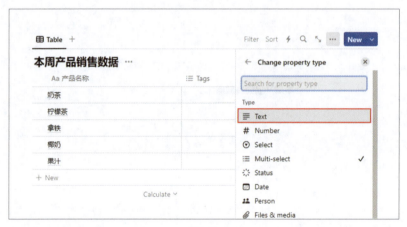

图8-49

04 单击空白处返回表格，如图8-50所示。现在第2列的类型为文本，直接输入文本即可。将列标题改为"周一销量"，如图8-51所示。

图8-50

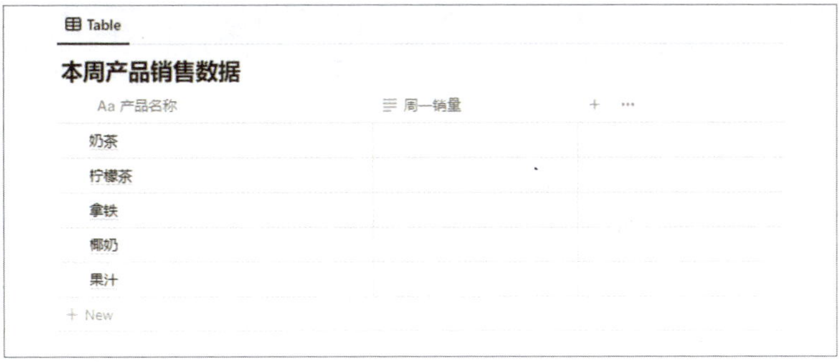

Table

本周产品销售数据

Aa 产品名称	周一销量
奶茶	
柠檬茶	
拿铁	
椰奶	
果汁	

+ New

图8-51

05 第3列表示周二销量，第4列表示周三销量，直到周日销量。表格默认只有3列，单击右上方的+图标可新增列，如图8-52所示。列标题设置完的效果如图8-53所示。

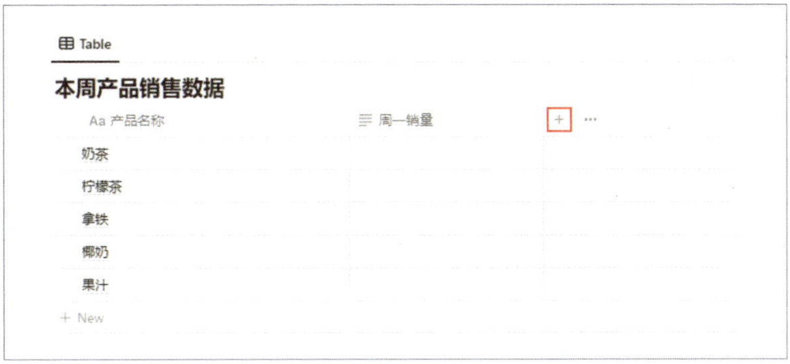

Table

本周产品销售数据

Aa 产品名称	周一销量
奶茶	
柠檬茶	
拿铁	
椰奶	
果汁	

+ New

图8-52

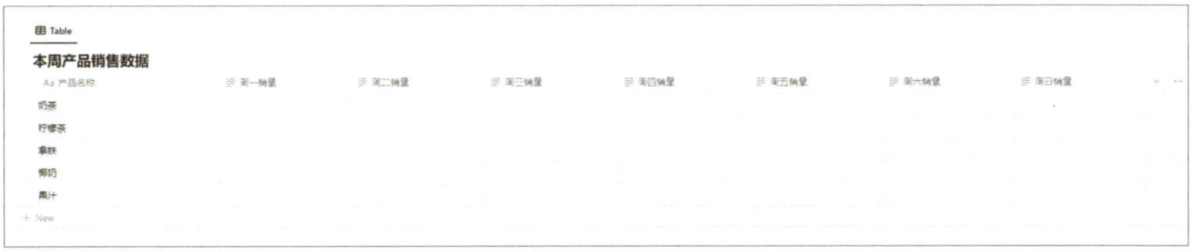

Table

本周产品销售数据

Aa 产品名称	周一销量	周二销量	周三销量	周四销量	周五销量	周六销量	周日销量
奶茶							
柠檬茶							
拿铁							
椰奶							
果汁							

+ New

图8-53

06 将销售数据填入表格中，效果如图8-54所示。从表格可以看出，周一到周四的销量不是很好，备货可以少一些，人员的假期也可以适当安排。周四开始就需要提前备好更多的货并做好各种准备。此外，可以看出哪些饮品更受欢迎，这对产品重心和产品开发有一定的参考作用。

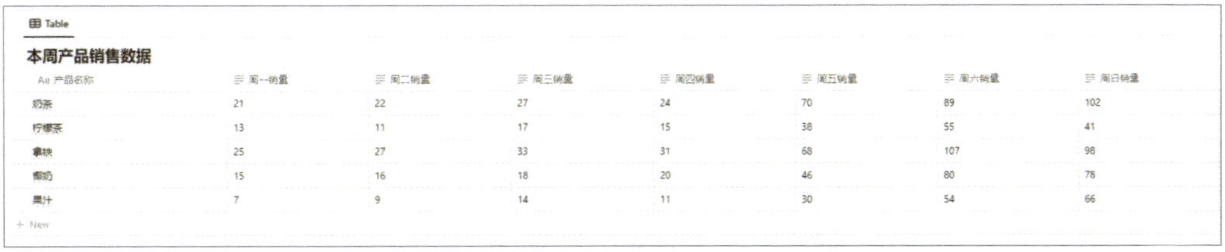

Table

本周产品销售数据

Aa 产品名称	周一销量	周二销量	周三销量	周四销量	周五销量	周六销量	周日销量
奶茶	21	22	27	24	70	89	102
柠檬茶	13	11	17	15	38	55	41
拿铁	25	27	33	31	68	107	98
椰奶	15	16	18	20	46	80	78
果汁	7	9	14	11	30	54	66

+ New

图8-54

8.7 制作工作目标计划书

制作工作目标计划书时，通常是将任务逐一列出，并在完成时逐项勾选。然而，笔者认为这种方法并不充分，对于那些未能完成的任务，应该在计划书中对其进行重点关注。应详细记录下未完成任务的原因以及实现目标的可行策略，通过持续改进，完成这些待办任务，这样的目标计划书更有意义。

在制作这类计划书时，无论是使用常规的文档和页面，还是使用数据库系统，都是可行的。选择何种工具主要取决于个人习惯和需求，关键在于所制作的计划书能够真正地辅助我们达成目标。在此，笔者选择使用数据库来创建计划书。样例如图8-55所示。

任务要求：制作个人工作目标计划书。

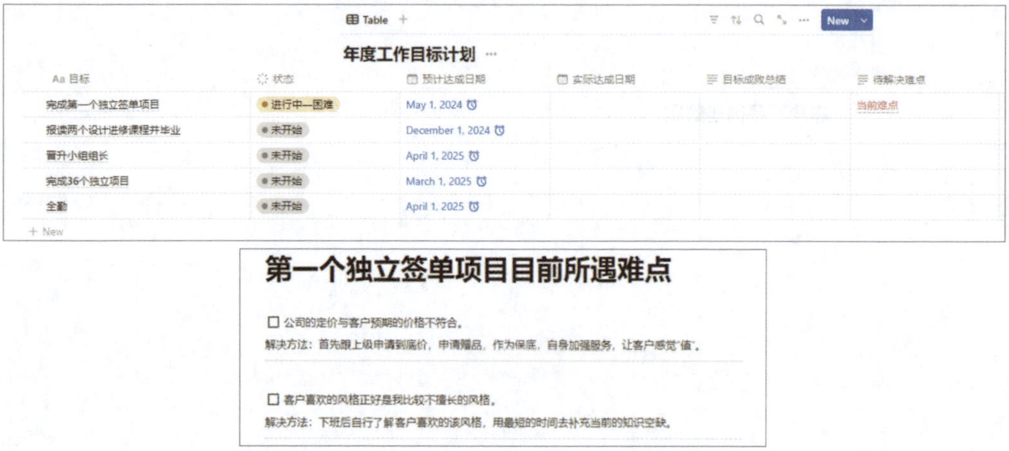

图8-55

01 因为在前面已经演示过数据库的一些基础操作，所以本例不介绍重复的数据库操作步骤。创建一个基础的数据库，如图8-56所示。

图8-56

02 每个人的职业发展规划各不相同。在此，笔者以自己在某一阶段制作的计划书为例，介绍如何制作工作目标计划书。效果如图8-57所示。

①明确计划书的标题及需实现的具体目标。此外，除了制定长期计划，还应制定一些短期计划，如周计划，以进行自我监督和确保目标的顺利完成。

②假设刚加入一家室内设计公司，目标是制作从入职到入职一年期间的工作目标计划书。笔者通常会根据目标的难度和时间要求来编排这些计划，并详细列出实现每个目标所需的具体条

件。如果发现自身条件不足，那么会持续学习并补充所需技能。

③清晰地撰写计划书标题和详细列出工作目标。一年之内，可以设定多个目标，或者只选取几个关键目标进行重点实施。对于那些不那么重要的目标，可以考虑将其分配到另一个目标计划书中。请根据实际情况灵活安排。

④确保列出了当年需要实现的关键目标。

图8-57

03 将第2列的类型设置为Status（状态），如图8-58所示，用于标记目标的实现状态。编辑属性界面中有3个默认的状态，分别是Not started（未开始）、In progress（进行中）和Done（完成），如图8-59所示。

图8-58　　　　　　　　　　　　　图8-59

04 将这一列的标题改成"状态"，如图8-60所示。现在单击这一列的其中一格，会出现前面提到3个默认状态，根据实际情况选择不同的状态进行展示即可，如图8-61所示。

图8-60　　　　　　　　　　　　　图8-61

> **技巧提示** 笔者建议将状态的默认英文名称修改为中文，以便查看。此外，增加自定义状态也是必要的。例如，设定以下几个状态："未开始""进行中—顺利""进行中—困难""完成—顺利""完成—困难"。这样的设定可提醒用户某些目标在实现过程中的困难程度。

05 单击"状态"栏的标题,选择Edit property,如图8-62所示。打开编辑属性界面,如图8-63所示。

图8-62

图8-63

06 单击每个状态右边的 + 图标,即可创建新的状态并编辑已有状态,如图8-64所示。创建完成的效果如图8-65所示。

图8-64

图8-65

07 在当前"状态"列的单元格中单击,就会出现自定义的状态,如图8-66所示。现在暂时把全部目标标记为"未开始",如图8-67所示。

图8-66

图8-67

08 接着处理第3列和第4列。笔者希望将它们分别设置为"预计达成日期"和"实际达成日期",所以设置类型均为Date(日期),如图8-68所示。设置后同样需要对标题进行修改,如图8-69所示。

技巧提示 当单击相应的单元格时,Notion的日历会弹出,用于选择日期和时间。此外,还可以设置闹钟功能。当到达预计达成日期,系统将通知用户检查目标是否完成。如果尚未完成,应分析原因并进行调整。

图8-68

图8-69

09 单击"预计达成日期"下的第1行单元格,在弹出的日历中选择一个日期("完成第一个独立签单项目"的预计达成日期),假设4月1日进公司,这里设置为5月1日,即希望一个月内完成,如图8-70所示。

图8-70

10 将闹钟打开，选择当天早上九点提示，如图8-71所示。这样，Notion就会在设定的日期和时间进行通知。此时工作目标计划书如图8-72所示。

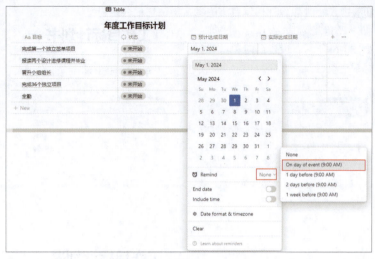

图8-71

图8-72

11 将其他目标的"预计达成日期"都设置好，如图8-73所示。实际达成日期不需要填写，等完成目标那一天再填写。

图8-73

12 在第5列制作"目标成败总结"，设置类型为Text，如图8-74所示。注意，这里的单元格比较小，写不下总结，可为文本添加链接。

图8-74

13 模拟运行计划。现在假设为新入职员工，那么第1个目标是"完成第一个独立签单项目"。从谈第1个客户开始，将"状态"标记为"进行中—顺利"，如图8-75所示。如果过程顺利，这里可以一直标记为"进行中—顺利"。如果过程不顺，可以将"状态"标记为"进行中—困难"，如图8-76所示。

图8-75

图8-76

14 一个目标计划只是展示出来是远远不够的，它还应当能帮助我们实现计划。一旦标记了"进行中—困难"，应该新增一个列，同样是Text类型，标题为"待解决难点"，如图8-77所示。

图8-77

15 一个单元格可能写不下所有难点，可为文本添加链接，在相应的单元格中填写"当前难点"，如图8-78所示。

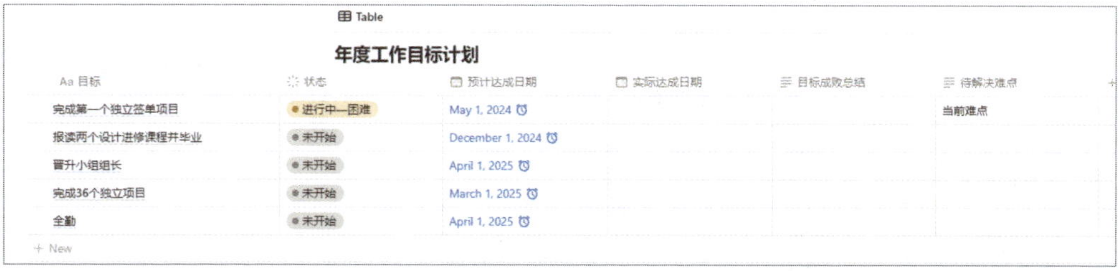

图8-78

16 新建一个页面,将标题设置为"第一个独立签单项目目前所遇难点",如图8-79所示。在这个页面中可以将工作过程中遇到的难点全部列出来,并写出解决方法,如图8-80所示。注意,这个页面中可以用各种块,不限于文本、待办清单等。

技巧提示 这里写了两个难点,每克服一个,就打钩。如果又出现新的问题,按顺序记录下来即可。

图8-79　　　　　　　　　　　　　图8-80

17 回到工作目标计划书,在"当前难点"的对应单元格中输入并选中"当前难点"几个字,文本背景会变为蓝色,这时会弹出一个菜单栏,选择Link,如图8-81所示。下面会出现可选的页面,选择"第一个独立签单项目目前所遇难点",如图8-82所示。如果创建的页面太多,可以直接搜索,也可以直接复制页面的链接到这里。

图8-81　　　　　　　　　　　　　图8-82

18 选择好跳转的页面后回到表格,这时候文字下面有一条横线,表示设置好了链接。单击"当前难点",即可跳转到对应的页面。因为描述的是难点,需要引起重视,建议为文字设置醒目的颜色,可在刚才设置链接的菜单栏中进行更改,如图8-83所示。效果如图8-84所示。

图8-83

图8-84

19 完成工作目标计划书的制作后，可以根据每个目标的进展情况更新表格中的信息。目标成败总结与待解决难点应以文本形式记录，并附上相关链接。注意，形式并不重要，关键是能够监督自己实现目标并改进不足之处。当一个目标完成时，可以在该目标前打钩。将鼠标指针悬停于标题前，会显示一个复选框，单击即可完成打钩操作，如图8-85所示。当所有目标均完成时，意味着这一年取得了显著成就。如果未能全部完成，则未达成的目标中的难点和总结将成为个人提升的关键。

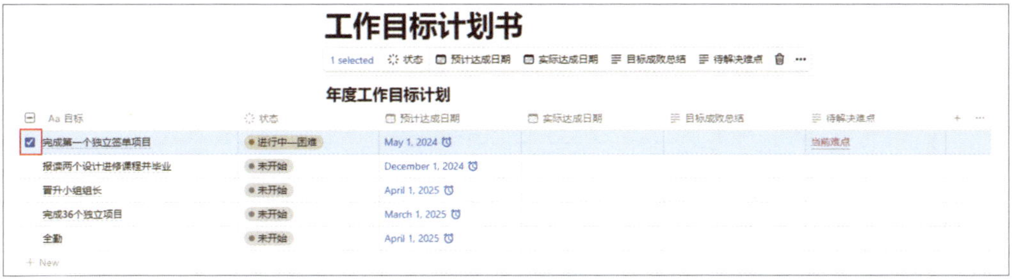

图8-85

8.8 制作公司日程安排表

制作日程安排表在业务繁忙且杂乱无章时尤显重要，因为清晰明了的日程安排能够帮助我们更好地管理时间。使用Notion制作日程安排表非常简便。用户无须进行复杂的操作，只需根据时间顺序填写当天的行程。下面制作未来一周的公司日程安排表。样例如图8-86所示。

任务要求：制作一周的公司日程安排表。

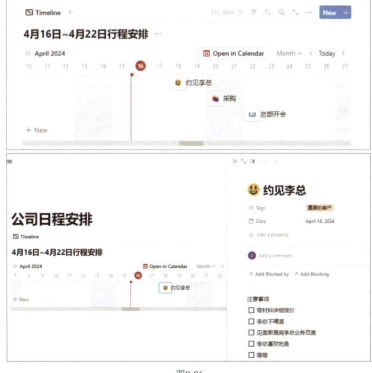

图8-86

01 创建一个基础的数据库,并设置好标题,如图8-87所示。

02 将数据库的视图设置为Timeline。单击表格右上角的 ··· 图标,如图8-88所示。在弹出的菜单中选择Layout(布局),如图8-89所示。选择Timeline,如图8-90所示。

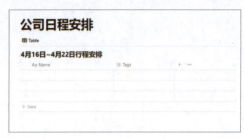

图8-87

图8-88

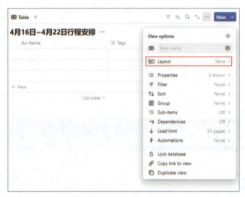

图8-89

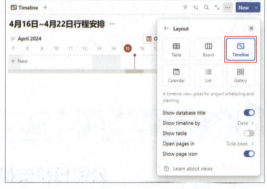

图8-90

03 表格视图变为Timeline视图,如图8-91所示,时间轴上红色的标记代表当前日期。单击右上角的Month(操作时以实际显示为准,读者注意位置即可),如图8-92所示。弹出的菜单中最小时间单位为Hours(小时),最大时间单位为Year(年)。本案例以默认的Month(月)作为单位。如果读者的行程要精准到"当天几点做什么",建议设置单位为Hours。

图8-91

图8-92

04 将鼠标指针移动到时间轴上,默认会选择5格。现在将鼠标指针移动到"9"上,默认会选择"9~13"这个时间段,如图8-93所示。单击,会出现一个填写项目标题的文本框,如图8-94所示。输入"约见李总",如图8-95所示。

图8-93

图8-94　　　　　　　　　　　　　　　图8-95

05 默认以5天为一个时间段，拖动文本框的左右边缘可让时间段变长或变短。假设现在要18日约见李总，那么将文本框移动到"18"处，并缩小到只包含"18"这一格，如图8-96所示。

图8-96

06 一般来说，行程类型有很多，如会见、采购、监督等。除了文字表达，还可加上表情符号，例如"约见李总"属于会见类型，可以加一个笑脸标志。将鼠标指针移到时间轴上的"约见李总"文本框，单击鼠标右键，在弹出的菜单中选择Icons（图标），如图8-97所示。选择一个笑脸图标，如图8-98所示。行程表效果如图8-99所示。

图8-97　　　　　　　　　　　　　　　图8-98

图8-99

07 约见李总要做什么呢？谈什么内容的业务？要注意什么？这些属于内容备注。单击"约见李总"的文本框，会弹出数据库的专属详情界面，如图8-100所示。可以将所有的注意事项都列出来，如图8-101所示。单击日程安排表页面的空白处，可以隐藏详情界面，回到日程安排表。

图8-100

图8-101

08 现在再添加两个行程，即20日去采购和22日去总部开会，如图8-102所示。这样就利用Notion轻松地制作出了方便又美观的日程安排表。

图8-102

8.9 使用AI辅助编写工作总结

许多企业要求员工定期撰写工作总结。对写作能力较弱的员工而言，下班或加班后还需花费时间和精力编写总结，这无疑增加了他们的负担。往往他们在开始写作前还要耗费大量时间思考如何下笔，这样一来，原本宝贵的休息时间便大为缩减。

在此，建议大家合理安排工作与休息的时间。如果条件允许，建议亲自撰写总结，这有助于提升个人能力。如果时间确实紧张，可以考虑使用AI技术辅助完成。样例如图8-103所示。

任务要求：使用AI辅助编写工作总结。

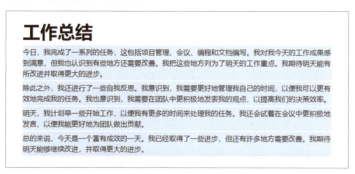

图8-103

01 在Notion AI的创作板块中没有工作总结的预设命令，对于这种内容，只能使用原始的方法，即直接问AI。按Space键呼出AI，输入"帮我写一份今日的工作总结"，如图8-104所示。按Enter键发送指令，AI会写一份今日的工作总结，如图8-105所示。

图8-104

图8-105

02 现在的总结很短，可以用Continue writing或者Make longer来延伸这篇总结。选择Continue writing，如图8-106所示，效果如图8-107所示。

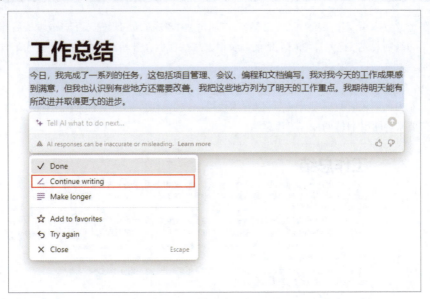

图8-106

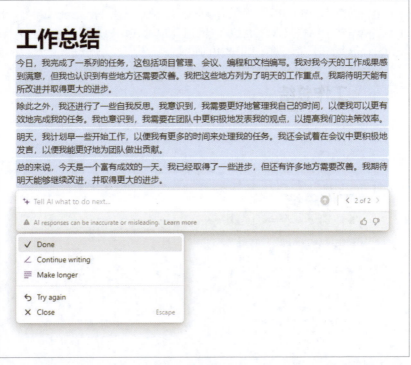

图8-107

技巧提示 每个人的工作内容不一样，但是工作总结的整体结构大体相似，所以当Notion AI提供工作总结的内容以后，需要根据自己的实际情况修改Notion AI给出的总结。

8.10 自媒体选题灵感库

在当今这个人人都是自媒体的时代，许多人都会创建社交媒体账号，无论是全职从事自媒体，还是兼职经营自媒体，抑或是作为兴趣爱好。大家在踏入自媒体领域时，首先考虑的问题往往是"我到底选择什么内容类别比较好"。

对于已经有明确方向的人来说，这肯定不是问题。然而，有很多人并没有明确的方向。此时，可以借助Notion AI来帮助我们获取选题灵感。如果已经有了选题方向，也可以借助Notion AI确定后续的内容安排。

没有选题方向

01 在页面按Space键呼出AI，如图8-108所示。直接输入"我想做自媒体，通常有哪种选题方向比较适合普通人"，如图8-109所示。

图8-108

图8-109

02 按Enter键发送指令，Notion AI给出的回答如图8-110所示。这样就得到了不同的选题方向。

图8-110

03 在提问时，可以尝试不同的问法，以得到多样化的答案。还可以进行多次提问，以找到合适的回答。例如，继续提问"目前做自媒体最流行的选题有哪些？"如图8-111所示，Notion AI给出的回答如图8-112所示。

图8-111

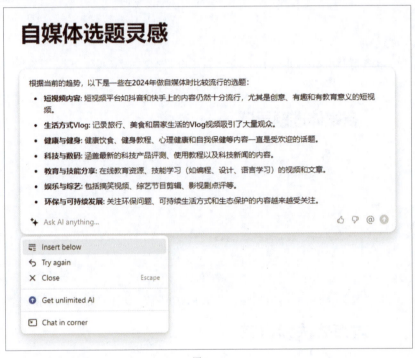

图8-112

有方向时应选择什么内容

假设选定"科技与数码"主题为大方向，但不知道在这个大方向下可以制作什么内容。

01 尝试直接询问AI"科技与数码主题的自媒体有什么具体方向选题？"如图8-113所示。Notion AI给出的回答如图8-114所示。这样便迅速获得了许多"科技与数码"主题的细分方向。

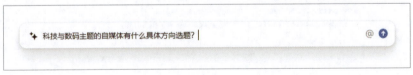

图8-113

图8-114

02 尝试使用Brainstorm ideas功能，如图8-115所示。输入"科技与数码主题的自媒体有什么具体方向选题？"如图8-116所示。Notion AI给出的回答如图8-117所示。

图8-115

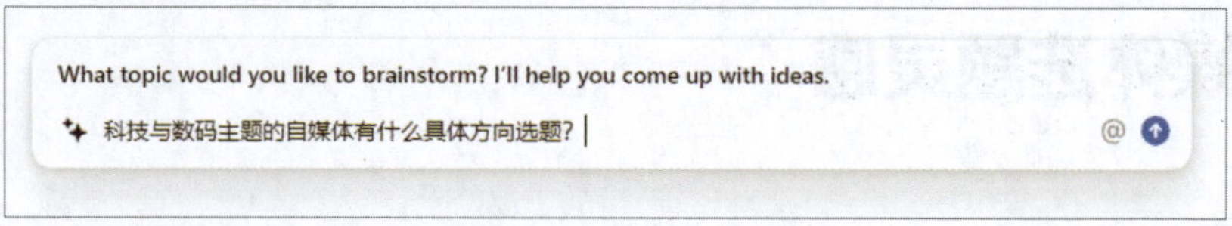

图8-116

图8-117

> **技巧提示** Notion AI给出的回答是有差异的，我们可以结合使用上述两种方法，从而获得更多参考。实际上，当达到某个细分点后，可以继续询问AI当前细分点中有哪些内容可以进行扩展、细化等，并不断追问下去。当然，AI给的回答仅供参考，我们必须进行筛选和过滤。
>
> 掌握了这两种方法，无论是什么方向的选题，Notion AI都能为我们带来源源不断的灵感。
>
> 注意，这里的Brainstorm ideas界面与本书前面的有所不同，因为笔者在写这个例子时，Notion AI进行了更新。软件更新后界面可能会有所变化，但核心功能基本不变，无须纠结。

第 **9** 章

学习方向实训案例

本章将介绍Notion在学习方向的实训案例。无论是工作人士,还是在校学生,都避不开学习。通过本章的实训,读者可以利用Notion让学习变得更加科学、高效和便捷。

9.1 搭建个人图书馆

相信许多人都有阅读的习惯。无论是哪种类型的书，总能给我们带来新知识、新感悟或愉悦的心情。你是否遇到过这样的情况：在阅读一本书的过程中，由于某些原因暂停阅读，之后便将其遗忘，或是想要继续阅读却忘记了上次阅读的具体位置。如果书的篇幅较长，重新开始阅读又显得较为困难。

为此，建议使用Notion来搭建一个个人图书馆。这样不仅可以有序地管理个人的阅读进度，还能通过整洁的图书管理界面激发阅读的欲望，从而提高阅读的积极性。下面将搭建一个相对简单的个人图书馆，用于记录阅读的图书。样例如图9-1所示。

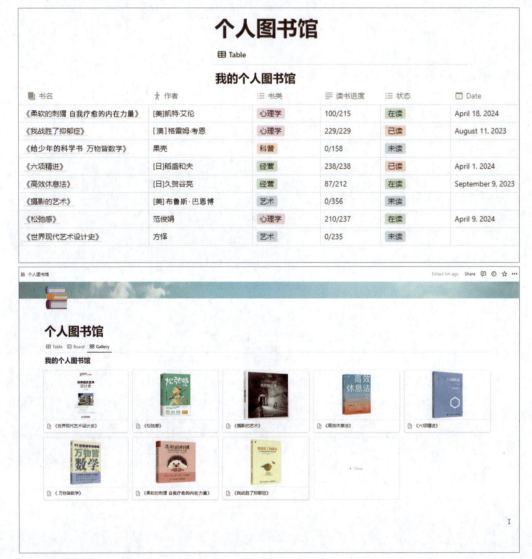

图9-1

图9-1(续)

9.1.1 制作图书馆数据库

01 创建一个新页面,设置标题为"个人图书馆",如图9-2所示。将鼠标指针悬停于标题上,会出现灰色选项,Add icon用于为标题添加图标,Add cover用于为页面添加封面,如图9-3所示。读者可以自行选择图标和封面,添加后的效果如图9-4所示。

图9-2

图9-3

图9-4

02 如果图书很多，可以按书类进行管理。笔者比较喜欢将全部书整理到一个图书馆中，因为Notion自带标签分类，便于查找和管理。按"/"键调出菜单，创建一个基础数据库，如图9-5所示。

> **技巧提示** 当前，需要考虑在书单中记录哪些内容。对笔者个人而言，习惯记录的信息包括书名、作者、书类、读书进度、状态和读书日期。有些读者可能还会记录出版社和出版年份等信息，可以根据个人喜好来决定记录哪些内容。

图9-5

03 现在以8本书为例进行讲解。设置好标题，因为第1列为项目列，无法更改类型，所以将其设置为"书名"，如图9-6所示。可以将图标换成书的图标，然后将8本书的书名填进表格，如图9-7所示。

图9-6　　　　　　　　　　　　　图9-7

04 将第2列设置为"作者",这里需要将类型设置为Text,如图9-8所示。将对应作者填进表格,如图9-9所示。

图9-8

图9-9

05 将第3列设置为"书类",并将类型设置为Multi-select(多选),如图9-10所示。单击这一列中的任意单元格,如图9-11所示。

图9-10

图9-11

06 单击后的效果如图9-12所示，该单元格用于选择标签。因为现在没有任何标签，所以是空的，输入第1个标签"心理学"，然后单击Create（生成），如图9-13所示。

图9-12

图9-13

07 接下来用同样的方法创建其他标签，如图9-14所示，现在有"心理学""经营""科普""艺术"。单击图书对应的"书类"单元格，然后选择相应的标签，将每本书的类别标示出来，如图9-15所示。注意，之所以前面设置标签为Multi-select类型，是因为书的类别是多样化的，例如第1本是一本心理学的书，假设同时也是一本艺术类的书，那么可以将"艺术"标签也选上，如图9-16所示。

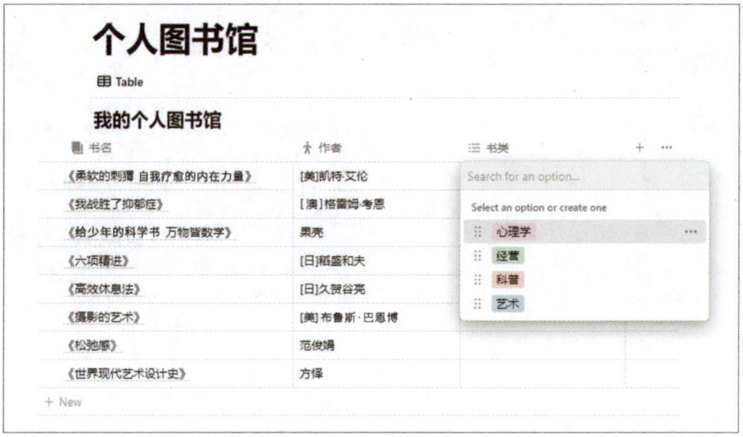

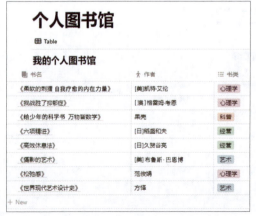
图9-14

图9-15

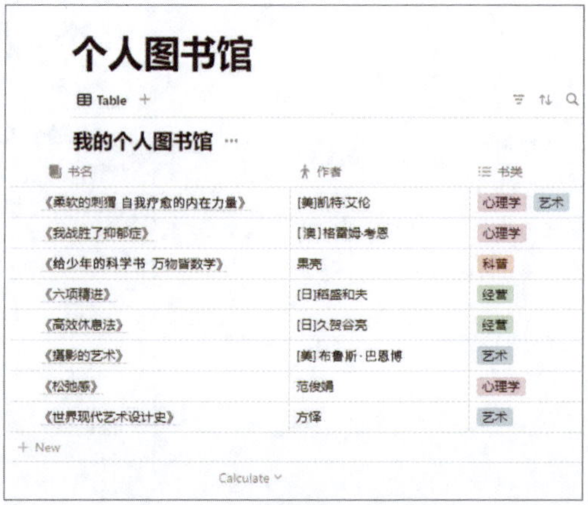

图9-16

08 设定读书进度。设定读书进度后，即使是长时间搁置的书，也能轻松找到之前阅读的位置。在之前的示例中，通常采用百分比来显示进度。对于书单来说，这种方法并不适用，因为每本书的页数各不相同，手动计算百分比并填写相对烦琐。因此，笔者倾向于使用"已读页数/总页数"的格式记录进度。设置第4列的类型为Text，并填写读书进度。对于尚未开始阅读的书，可以按"0/总页数"的格式进行填写。这样在每次阅读后手动更新已读的页数即可。效果如图9-17所示。

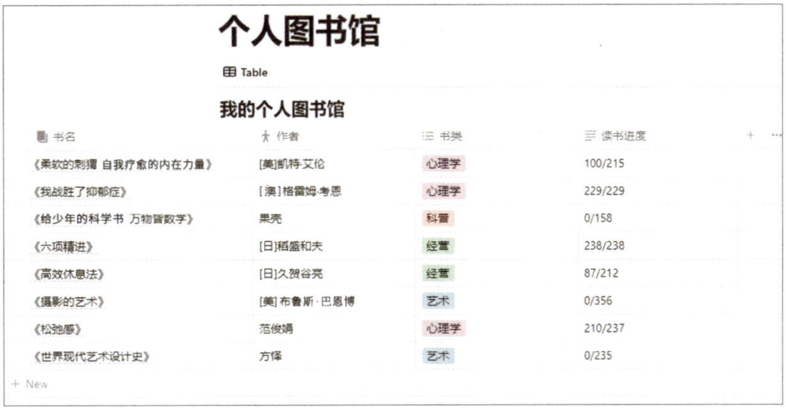

图9-17

09 阅读状态有未读、在读、已读3种，因此可以再加一列来记录这些状态。这一列的类型跟"书类"一样，笔者用复制的方法进行操作。单击"书类"的标签，如图9-18所示。在弹出的菜单中选择Duplicate property（重复属性），如图9-19所示。

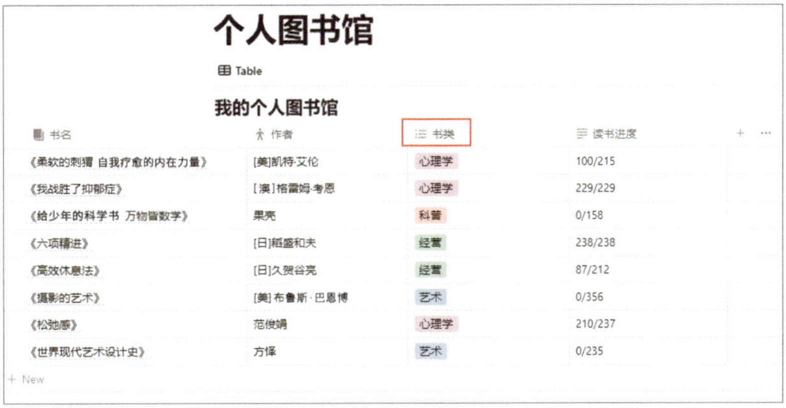

图9-18

图9-19

145

10 “书类”的右边会复制出一个与“书类”同属性的列，如图9-20所示。将这一列的标题改为“状态”，创建“未读”“在读”“已读”标签，在对应的单元格选择对应的状态，效果如图9-21所示。笔者不喜欢将两列标签放在一起，所以将“状态”列移到“读书进度”列的右侧，直接拖曳列标题即可进行移动，如图9-22所示。

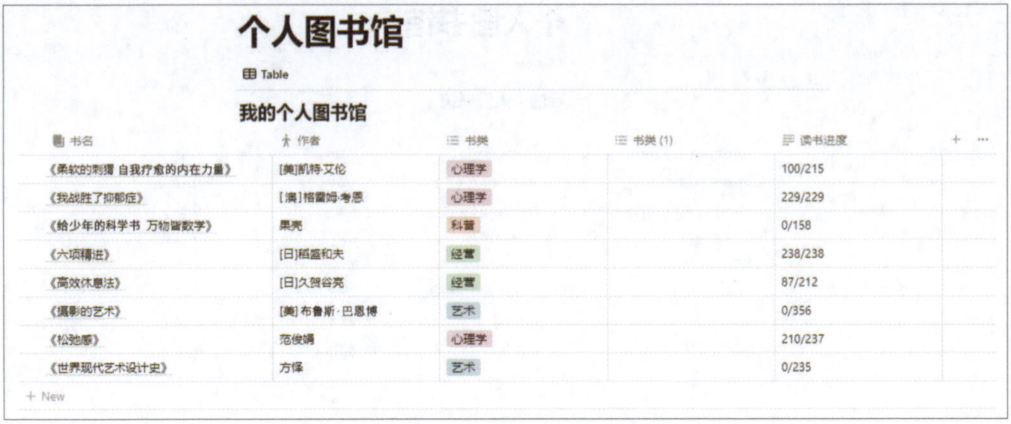
个人图书馆

Table

我的个人图书馆

书名	作者	书类	书类 (1)	读书进度
《柔软的刺猬 自我疗愈的内在力量》	[美]凯特·艾伦	心理学		100/215
《我战胜了抑郁症》	[澳]格雷姆·考恩	心理学		229/229
《给少年的科学书 万物皆数学》	果壳	科普		0/158
《六项精进》	[日]稻盛和夫	经营		238/238
《高效休息法》	[日]久贺谷亮	经营		87/212
《摄影的艺术》	[美]布鲁斯·巴恩博	艺术		0/356
《松弛感》	范俊娟	心理学		210/237
《世界现代艺术设计史》	方怿	艺术		0/235

+ New

图9-20

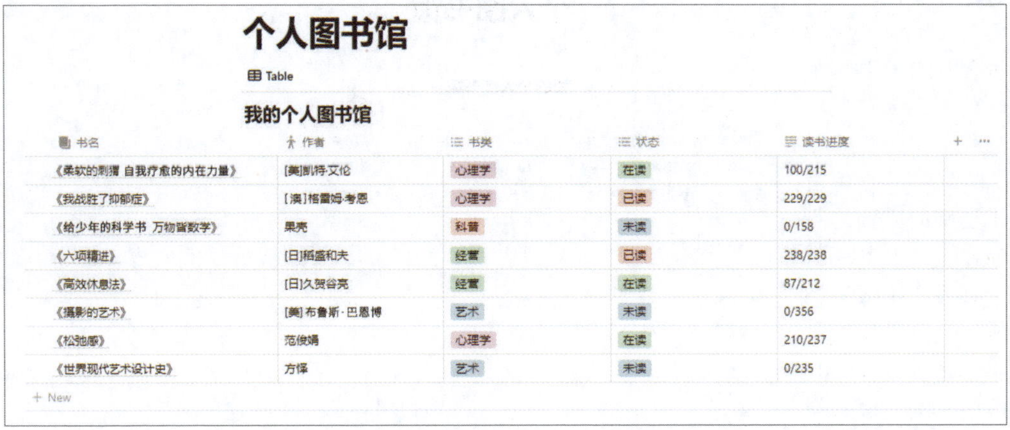
个人图书馆

Table

我的个人图书馆

书名	作者	书类	状态	读书进度
《柔软的刺猬 自我疗愈的内在力量》	[美]凯特·艾伦	心理学	在读	100/215
《我战胜了抑郁症》	[澳]格雷姆·考恩	心理学	已读	229/229
《给少年的科学书 万物皆数学》	果壳	科普	未读	0/158
《六项精进》	[日]稻盛和夫	经营	已读	238/238
《高效休息法》	[日]久贺谷亮	经营	在读	87/212
《摄影的艺术》	[美]布鲁斯·巴恩博	艺术	未读	0/356
《松弛感》	范俊娟	心理学	在读	210/237
《世界现代艺术设计史》	方怿	艺术	未读	0/235

+ New

图9-21

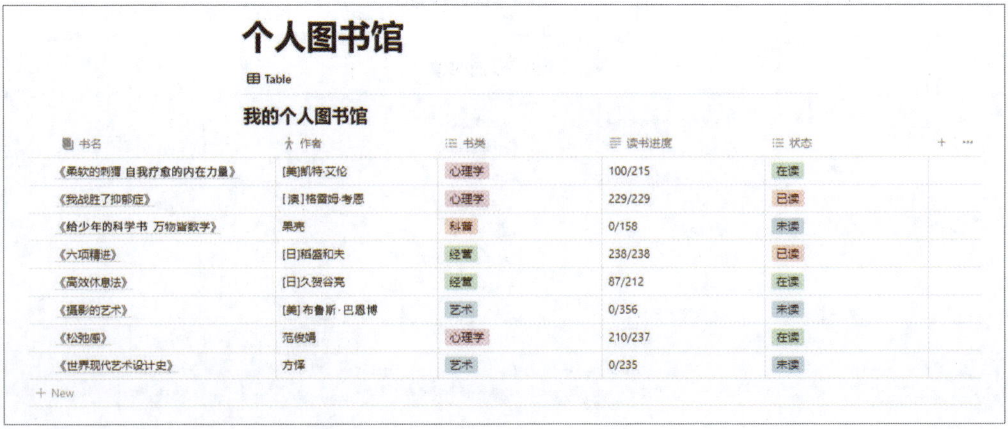
个人图书馆

Table

我的个人图书馆

书名	作者	书类	读书进度	状态
《柔软的刺猬 自我疗愈的内在力量》	[美]凯特·艾伦	心理学	100/215	在读
《我战胜了抑郁症》	[澳]格雷姆·考恩	心理学	229/229	已读
《给少年的科学书 万物皆数学》	果壳	科普	0/158	未读
《六项精进》	[日]稻盛和夫	经营	238/238	已读
《高效休息法》	[日]久贺谷亮	经营	87/212	在读
《摄影的艺术》	[美]布鲁斯·巴恩博	艺术	0/356	未读
《松弛感》	范俊娟	心理学	210/237	在读
《世界现代艺术设计史》	方怿	艺术	0/235	未读

+ New

图9-22

11 设置读书日期。增加一列，设置类型为 Date，如图9-23所示。根据实际的读书日期填写表格，如图9-24所示。设置读书日期的目的是检查哪些书过了很久没有读，以便有空看书的时候将这些书尽可能地看一遍，以及了解最近的读书方向。

图9-23

图9-24

9.1.2 制作图书详情页

01 图书详情页包括图书的信息，例如书的图片、简介等。这里以第1本书为例，将鼠标指针悬停于书名所在的单元格，单击右边出现的OPEN，如图9-25所示。图书详情页如图9-26所示，这个详情页中的信息与表格中的数据是匹配的。

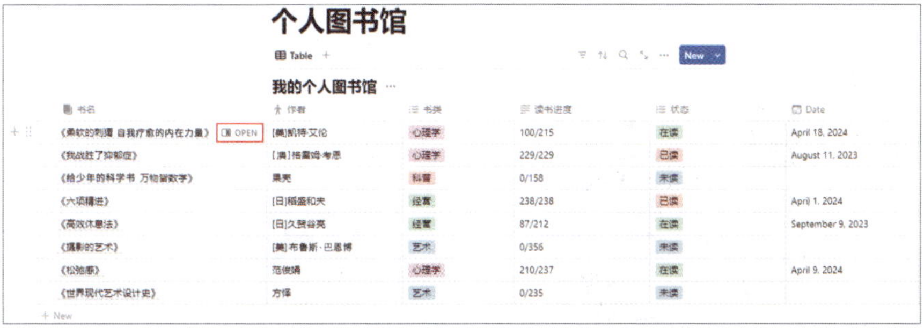

图9-25

图9-26

02 插入图片。按"/"键调出菜单，选择Image（图片），如图9-27所示。上传一张该书的图片，如图9-28所示。

图9-27

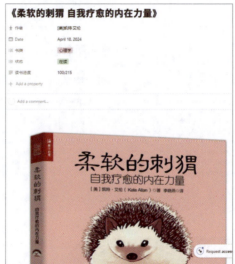

图9-28

03 现在图片非常大，并不美观，将鼠标指针移动到这个块的边缘，会出现⇔图标，如图9-29所示，向左或向右拖曳即可缩放这个块，这里将图片缩小到图9-30所示的效果。

图9-29

图9-30

04 在图片的下面创建文本块，编写简介，如图9-31所示。对于简介，可通过各个渠道获取，复制过来即可。

图9-31

05 当看完一本书后，留下总结是很有必要的。在底部创建文本块，根据自己的感受去撰写总结，如图9-32所示。为每一本书都上传图片，添加简介和总结，回到数据库，如图9-33所示。

图9-32

图9-33

149

9.1.3 使用过滤功能和设置视图

现在，个人图书馆搭建好了。随着加进来的书越来越多，可以利用过滤功能和显示视图进行整理。

1.使用过滤功能

01 将鼠标指针悬停于数据库顶部，单击右上角出现的Filter（过滤），如图9-34所示，在弹出的菜单中选择"状态"，如图9-35所示。

图9-34

图9-35

02 此时会弹出一个菜单，用于选择过滤的对象，如图9-36所示。这里选择"未读"，表格中非"未读"对应的内容被隐藏起来了，如图9-37所示。

图9-36

图9-37

03 这样，就可以利用过滤功能找出符合指定条件的内容。如果想要恢复到过滤前的状态，单击标题下方的过滤状态，如图9-38所示，再单击 ··· 图标并选择Delete filter（删除过滤器）即可，如图9-39所示。删除后的效果如图9-40所示。

图9-38

图9-39

图9-40

2.设置视图

01 将鼠标指针悬停于数据库顶部，在Table字样的旁边会出现+图标，如图9-41所示。单击+图标，弹出的界面如图9-42所示。对个人图书馆来说，Table、Board和Gallery比较常用。

图9-41

图9-42

02 新建一个Board视图，效果如图9-43所示，默认以标签分类，并以看板的形式显示出来。同样，在Board视图中也可以用过滤功能来寻找特定的书。单击Board，会弹出菜单，选择Edit view（编辑视图），如图9-44所示。

图9-43　　　　　　　　　　　　　　　　　　　图9-44

03 在弹出的界面中选择Group（组），现在显示的是"书类"，单击Group by，如图9-45所示。这里可以选择以什么类型分组，选择"状态"，如图9-46所示。设置后的效果如图9-47所示，看板的分类由"书类"变为"状态"，从这个视图可以清晰地看到哪些书在读、哪些书已读、哪些书未读。

图9-45　　　　　图9-46　　　　　　　　　　　图9-47

04 创建一个新的视图。单击Board旁的+图标，然后选择Gallery，创建出的视图效果如图9-48所示。这种视图的好处是可以看到封面。现在这个布局展示的书不是很多，一行只有两本。单击右上角的 ••• 图标，激活Full width（满宽），如图9-49所示。

图9-48

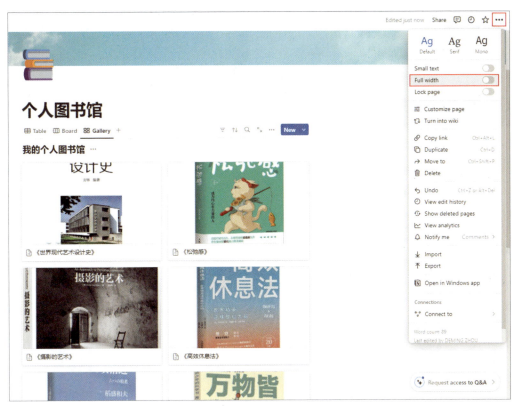

图9-49

05 视图效果如图9-50所示。现在整个页面好看不少,但是每本书的封面显示不全,单击数据库右上角的 ··· 图标,选择Layout,如图9-51所示。

图9-50

图9-51

06 激活Fit image（适配图像），如图9-52所示。页面效果如图9-53所示。在此视图中，可以便捷地使用过滤功能来检索指定的图书。至此，已经创建了两个新视图，加上最初的**Table**视图，现在共有3个不同的视图。用户只需单击数据库顶部的视图名称，即可轻松切换并浏览这些视图，如图9-54所示。

图9-52

图9-53

图9-54

9.1.4 使用AI功能优化简介

01 可以利用AI功能，优化图书文案，使其更加简洁，便于阅读。单击《柔软的刺猬 自我疗愈的内在力量》的封面即可进入该书的详情页，如图9-55所示。目前，该书的简介略显冗长。在快速选书时，简介的简洁性尤为重要。因此，可以选中该段简介，在弹出的菜单栏中选择Ask AI，如图9-56所示。

图9-55

图9-56

02 选择Summarize对简介进行优化,如图9-57所示。效果如图9-58所示。这样,一个简洁的简介就编写好了。

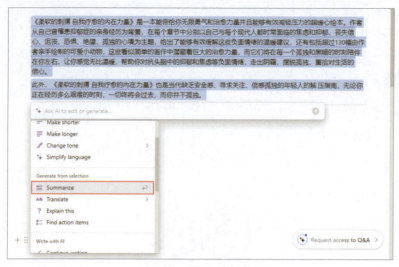

图9-57

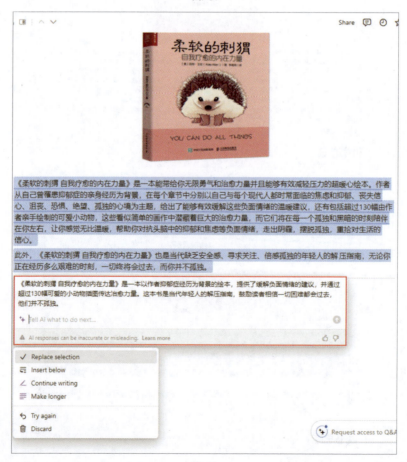

图9-58

9.2 搭建个人知识库

前面已经搭建了个人图书馆,接下来探讨如何搭建个人知识库。

在日常生活中,如果长时间不运用某些学过的知识,很可能会忘记它们。因此,可建立个人知识库,记录那些曾经了解并感兴趣,但平日里不太常用到的知识。随着时间的推移,我们掌握的知识会逐渐增多,这些知识将在不经意间为我们的生活带来巨大的益处。

那么,在使用Notion建立个人知识库时需使用哪些功能呢?

实际上,任何功能都是可行的,关键是找到便捷的工具。可以使用数据库功能搭建,也可以在空白页面上逐块搭建。在此,继续使用数据库功能,因为对存储大量独立信息而言,数据库确实非常便利。此次将采用Table和Board视图。样例如图9-59所示。

图9-59

9.2.1 制作个人知识库的数据库

01 新建一个页面,将标题改成"个人知识库",在页面内新建一个基础数据库,如图9-60所示。虽然创建数据库时可以直接创建一个Board视图的数据库,但笔者建议先建立基础数据库,待数据填好后再创建Board视图。

图9-60

02 与搭建个人图书馆一样,将相关的标题改好,第1列为各种知识的名称,这里列举了十多个,如图9-61所示。第2列的类型与个人图书馆一样,即Multi-select,这里需要将各种知识的标签写好并标示出来,如图9-62所示。

图9-61

图9-62

03 不继续添加列,因为有名称和标签已经足够了,详细的内容记录在详情页中即可。接下来需要新增一个Board视图。单击+图标,选择Board,然后单击数据库右上角的 ··· 图标,选择Layout,设置Card size(卡片尺寸)为Small(小),激活Color columns(颜色列),如图9-63所示。减小尺寸是为了让页面展示更多看板,激活颜色列是为了让分类更清晰地显示。设置后的效果如图9-64所示。

图9-63

图9-64

9.2.2 制作知识点的详情页

01 在每个知识点的详情页中，可以添加搜集的相关资料，包括学术论文、网友讨论的帖子，以及自媒体的视频介绍等。总的来说，将感兴趣的信息进行整合。例如，单击"量子力学"卡片，就可以进入详情页，如图9-65所示。

技巧提示 在详情页中可以充分发挥创意，构建页面的方式多种多样。可以创建一个新的数据库。页面设计可以仿照网页格式，列出众多知识点，并设置外部链接以便跳转到知识点对应的页面。记录方法无固定要求，关键是符合个人偏好和需求，例如详尽的资料整理、简洁明了的表达方式。

图9-65

02 在详情页中，可以采用插入网页书签的方式来存放相关资料。按"/"键调出菜单，创建网页书签，如图9-66所示。输入所需资料的网址，这里整理了3个关于量子力学的视频资料，效果如图9-67所示。

图9-66

图9-67

9.3 辅助学习外语

在自学外语的过程中，可能会在不自知的情况下犯语法错误，如果不能及时改正，将一直犯错。Notion AI可以帮助解决这一问题。

以英语为例，"me"和"I"均为第一人称单数代词，但使用场景不同。"I"作句子的主语，"me"作句子的宾语。

01 假设现在学习"你想和我约会吗？"的英语，输入"Do you want to go on a date with I?"，如图9-68所示。

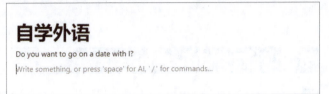

图9-68

02 选中整句英文，在弹出的菜单栏选择Ask AI，选择Fix spelling & grammar，如图9-69所示。效果如图9-70所示。

图9-69

图9-70

03 现在知道应该用"me"而不是"I"，但不知道原因。这个时候可以直接问AI，如图9-71所示。AI给出的回答如图9-72所示。

图9-71

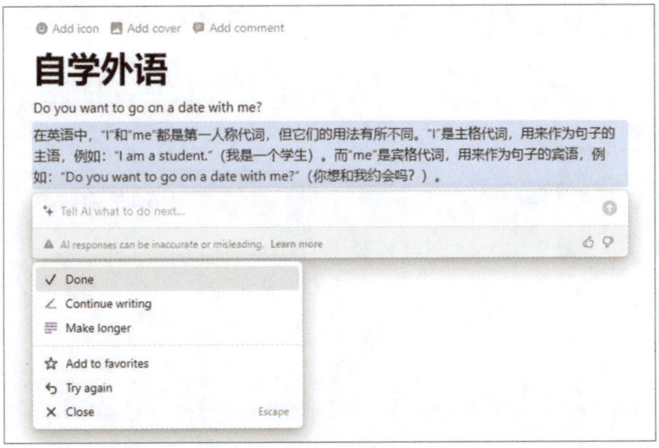

图9-72

9.4 制作学年目标计划书

部分人的学习计划仅限于达到及格标准或者能拿到特定的目标分数。这类学习计划较笼统，往往只是随意提出，远不足以指导实际行动。常见的问题是目标设定后未持续跟进，或者在实现过程中缺乏具体可行的措施。因此，在设定学习目标时，除了确定最终目标外，还应围绕如何实现这些目标来制订具体的行动计划。

以为室内设计学习制作学年目标计划书为例，第1个目标是从零基础开始接到第一个设计订单，第2个目标是确保所有学科成绩均达到及格标准。一个涉及个人发展，另一个关联学业成绩。样例如图9-73所示。

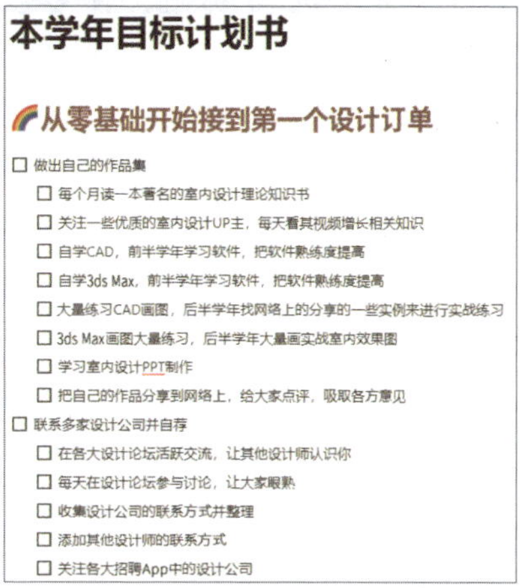

01 新建页面，设置好标题、封面和图标，并激活Full width，如图9-74所示。

图9-73

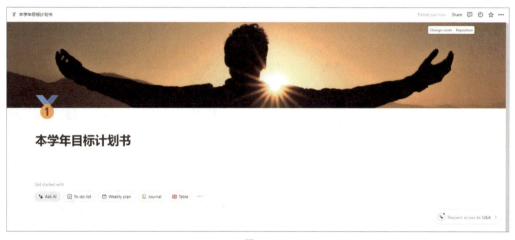

图9-74

02 以一级标题的形式输入两个主要目标，如图9-75所示。调整字体颜色，并将两个主要目标分别置于页面的左右两侧，如图9-76所示。为了进一步强调这两个主要目标，可以在每个标题的开头添加一个表情符号。按"/"键调出菜单并插入表情符号，效果如图9-77所示。

图9-75

图9-76　　　　　　　　　　　　　　　图9-77

技巧提示　现在需要确定实现两个主要目标所需的行动计划。一旦计划确定，便全力以赴地执行。首先从"从零基础开始接到第一个设计订单"这一目标着手。

假设目前正处于大学的第1学年，根据学校的教学进度，一年内成功接到项目的可能性较低。因此决定自学，朝着接近实际工作项目的方向努力。据此，将学习时间一分为二：一半用于自学与实际工作相关的内容，另一半用于确保所有学科的成绩均及格。

为了实现这一目标，将采用待办清单逐步落实计划。从零基础开始接到项目主要分为两个步骤：做出自己的作品集、联系多家设计公司并自荐。

03 按"/"键调出菜单，选择To-do list，如图9-78所示。在待办清单中添加"做出自己的作品集"，如图9-79所示。

04 详细说明如何做出自己的作品集。列举的内容应尽可能详尽，可以是一个小目标，也可以是一个具体行动，根据个人实际情况而定。由于篇幅限制，笔者仅列出一些主要内容，如图9-80所示。如果读者有具体的执行计划，列出几十条也属正常。

图9-78

图9-79　　　　　　　　　　　　　　　图9-80

05 框选第1条下方所有的待办事项，如图9-81所示，将它们设为第1条的子层级，如图9-82所示。这样，一个大目标底下就有了数个需要完成的行动目标。

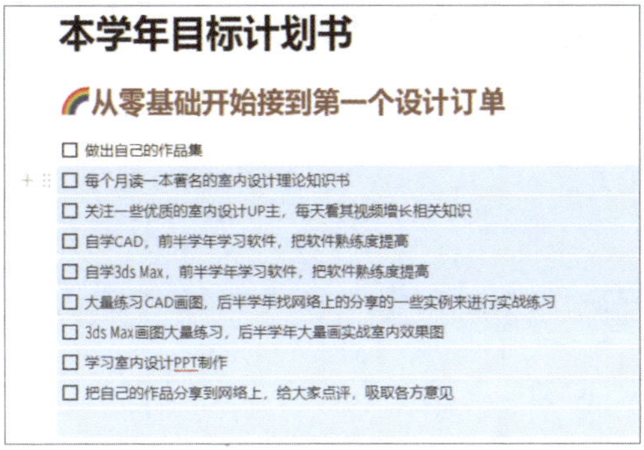

图9-81 　　　　　　　　　　　图9-82

06 用同样的方法把第2个大目标做出来，如图9-83所示。将需要的行动也列出来并设为子层级，如图9-84所示。如果完成一个行动目标，就打钩。当子层级目标全完成，那基本上算是完成大目标了。如果实现不了，就进行分析，看哪点没有做好。

图9-83 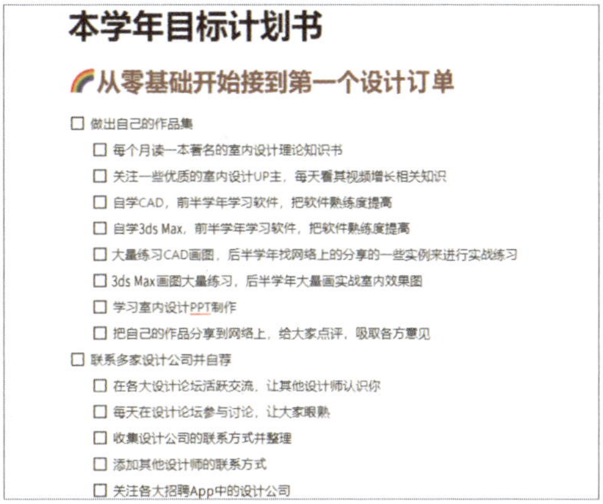　　　　　　　　　　　图9-84

9.5　学习与娱乐时间的分配

在日常生活中，有时会因沉浸在娱乐活动中而耽误学习任务，因此，合理安排学习与娱乐的时间是非常必要的。可使用Notion进行学习与娱乐时间的分配，样例如图9-85所示。

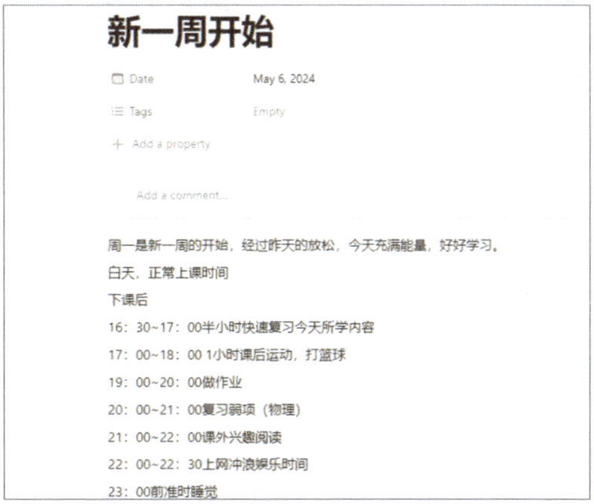

图9-85

01 按"/"键调出菜单,选择Calendar view,如图9-86所示。页面将出现一个日历视图的数据库,修改其名称,如图9-87所示。

图9-86

图9-87

02 有了日历后,可以指定日期并分配时间。例如,本月的5日是周日,6日是周一,可以将周日的娱乐时间分配得多一点,将周一的娱乐时间分配得少一点。将鼠标指针悬停于5日的格子上,会出现+图标,如图9-88所示。单击+图标,进入详情页,如图9-89所示。

03 现在可以在这个详情页中进行时间安排,如图9-90所示。进入6日(周一)的详情页,将时间分配好,如图9-91所示。

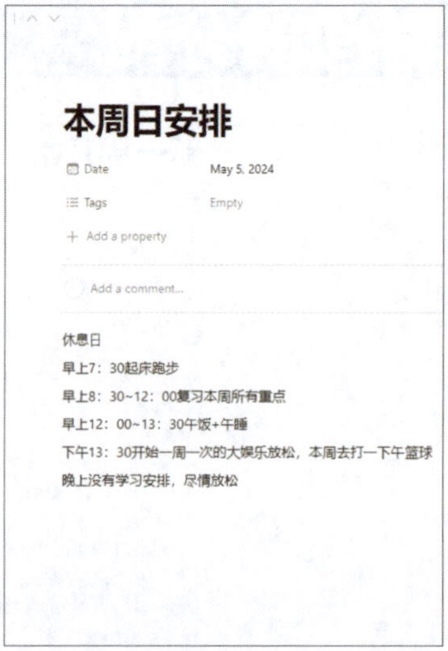

图9-88

图9-89

图9-90

图9-91

9.6 制作个人主页

Notion允许用户制作个人主页，这对求职或进行学术分析交流而言，是一个不错的工具。希望建立个人主页的读者可能已经了解到，这通常需要服务器支持，并且可能需要学习WordPress等技术。对零基础的用户来说，这并不容易。

Notion可以直接替代其他工具，仅需利用Notion便可构建个人主页。其优点包括界面简洁美观、操作方便简单、免费且门槛低。然而，若需构建专业网站，Notion的功能可能尚不能完全满足需求。

构建个人主页主要涉及网页内容、服务器及域名。在使用Notion时，无须关心服务器问题，因为Notion为用户免费提供此服务。对于网页内容，可以通过组合各种内容块来自定义具有个人风格的主页。除了自行设计，不要忘记Notion还提供了庞大的模板库。样例如图9-92所示。

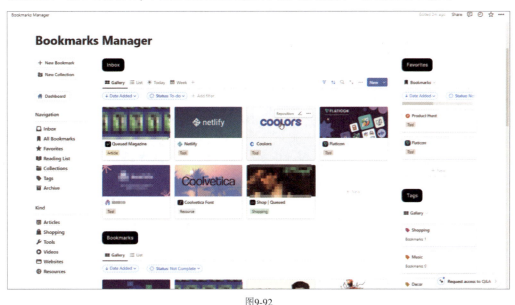

图9-92

01 单击工作区中的Templates，如图9-93所示。进入Notion的模板界面，在界面左下角单击More templates，进入模板市场，如图9-94所示。

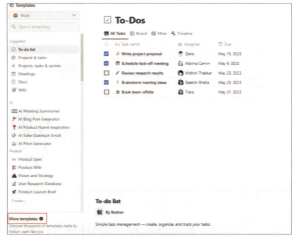

图9-93　　　　　　　图9-94

02 读者如果时间充足，可以在模板市场多观察，能够学习到不错的Notion排版。现在需要设置个人主页模板，假设要做一个用于知识分享的个人主页，选择WiKi，如图9-95所示。单击Knowledge Base（知识库），如图9-96所示。

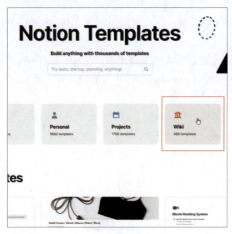

图9-95

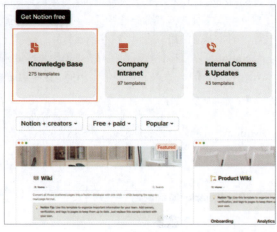

图9-96

03 知识库中包含不少可用于制作个人主页的模板，在这里选择一个喜欢的模板，单击Get template按钮，如图9-97所示。回到Notion页面，如图9-98所示。

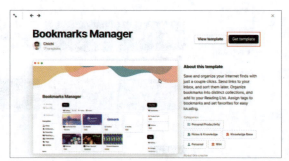

图9-97

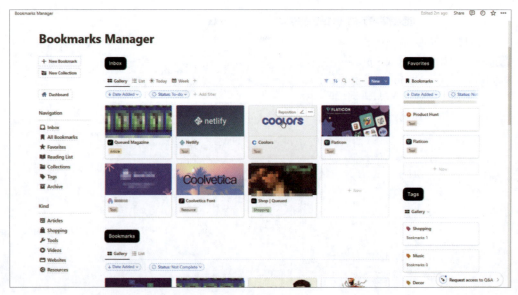

图9-98

166

04 现在得到了一个个人主页的模板，将其中的内容修改为需要的内容即可。内容修改完成后，单击页面右上角的Share，如图9-99所示，然后单击Publish，如图9-100所示。

图9-99　　　　　　　　　　　　　　　图9-100

05 进入发布页面的设置界面，如图9-101所示。其中的链接就是个人主页的网址。在工作区进入Notion的Settings界面，如图9-102所示，在这里可以自定义域名，让域名更有辨识度。至于一级域名，Notion没有提供。

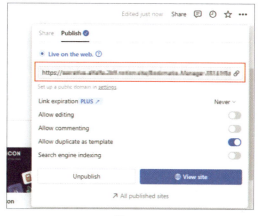

图9-101

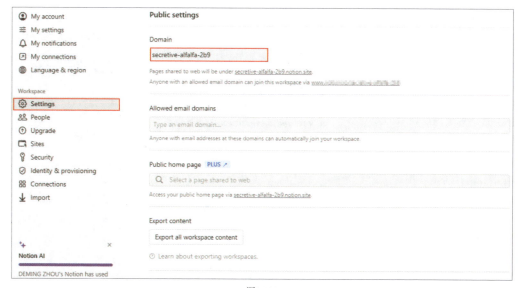

图9-102

9.7 使用AI辅助考试应急学习

可能有这样的情况：临近考试，却因病耽误了一段时间的学习。现在距离考试仅剩几天，而学习内容已积累甚多，短时间内难以完全掌握。尽管以下方法无法完全解决问题，但能在一定程度上提供帮助。

Notion拥有不少功能，利用其中一些看似简单的功能，可能对解决实际问题有重大帮助。当前的主要问题是时间有限而需要记忆的内容过于庞杂。此时，Notion AI的总结功能可以提供很大的帮助。假设需要收集大量文章、笔记、大纲和要点等资料，可以通过拍照将这些资料转换为文本，并复制到Notion中。利用Notion AI的总结功能，至少可以将资料量减少一半。在此基础上，还可以进一步整理和总结已经收集的资料，以便更高效地掌握重点信息。

按Space键呼出AI，也可以选中内容并选择Ask AI，然后选择Summarize，如图9-103所示。

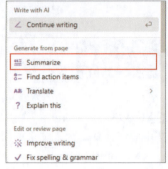

图9-103

此例旨在说明，尽管软件中的命令看似简单且用途单一，但只要将这些命令恰当地应用于日常生活中，往往能够发现意想不到的惊喜。

9.8 知识扩展计划

在自学新知识的过程中，学习者将要面临的挑战是什么？在传统课堂环境中，借助教科书、辅助材料及预设的课程安排，学习者往往不会感到无从下手。即便是仅以一本书作为学习工具，自学亦非难事。因为学习者能够遵循书中的结构，循序渐进地学习。

可是在缺乏"指导者"逐步引领的情况下，如何准确、有序地掌握该领域的知识体系？针对这一问题，笔者建议学习者充分利用AI技术，让其扮演"指导者"的角色。例如，在自学室内设计时，使用AI技术可以有效地辅助学习过程。样例如图9-104所示。

图9-104

01 创建一个页面,设置标题为"自学室内设计",如图9-105所示。

图9-105

02 如果不知道要学习什么,可以向AI咨询"自学室内设计需要掌握哪些知识""学习的顺序应当如何安排",让AI充当指导者,带领我们逐步深入了解。按Space键唤出AI,输入"自学室内设计需要学习什么?学习顺序是什么?",如图9-106所示。发送问题后,AI给出的回答如图9-107所示。

图9-106

图9-107

03 可以将AI列出来的内容添加到数据库,以便查阅。创建一个基础的数据库,设置好标题,按顺序将内容列好,如图9-108所示。

图9-108

04 创建一些列，并设置列标题。自学知识的来源包含网站、视频、书籍，如图9-109所示。填写内容，如图9-110所示。

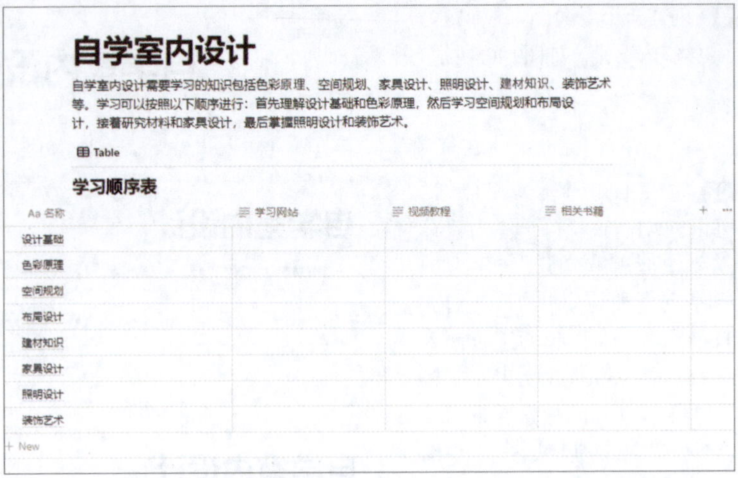

图9-109

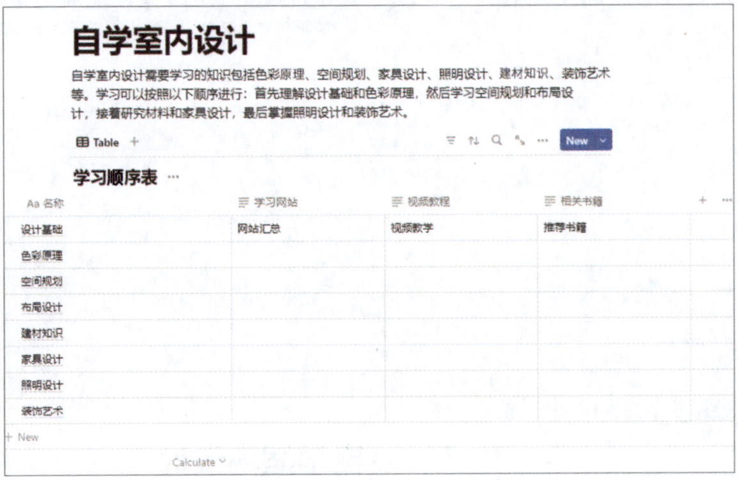

图9-110

05 分别选中文本并添加超链接，如图9-111所示，每个链接应指向一个新建的专属页面。在网站汇总的新页面中，记录所有用于学习对应知识的网站；在视频教学页面中，整理并收录优质的教学视频；在推荐书籍页面中则可以构建一个相关的小型图书馆。

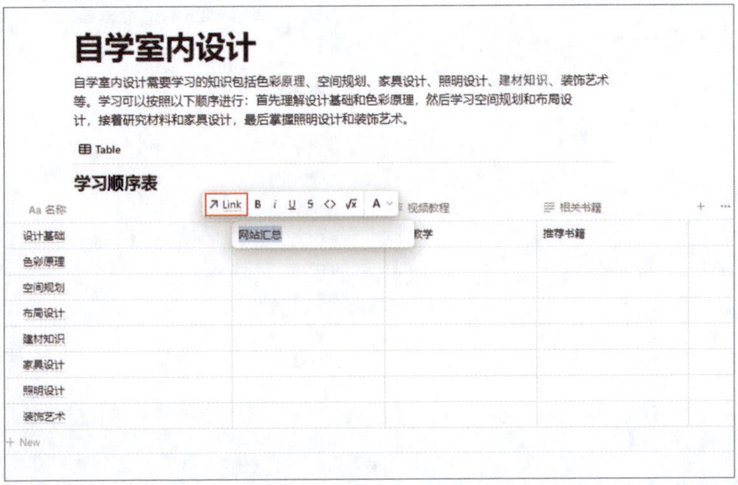

图9-111

第 10 章
生活方向实训案例

本章将介绍Notion在生活中的实训案例。其实在笔者看来,Notion在生活、学习、工作中的应用原理都是一样的,区别在于数据内容和数据类型。读者应学会灵活变通,让Notion辅助我们完成生活、学习和工作中的安排、计划。

10.1 整合食谱

　　制作美食无疑是生活中的一种乐趣。读者是否尝试过使用手机打开烹饪教学网站，并按照食谱步骤逐一制作呢？现在，我们可以使用Notion创建一个个人食谱集。在日常浏览互联网时，可以将发现的心仪食谱统一收集整理。样例如图10-1所示，菜品图片仅供参考。

图10-1

01 创建一个新页面，设置标题、图标和封面，如图10-2所示。创建一个画廊视图的数据库，画廊视图的特点是"看图选内容"，适合用于制作食谱集，如图10-3所示。效果如图10-4所示。

图10-2

图10-3　　　　　　　　图10-4

技巧提示 料理种类繁多，若不进行分类，将所有料理食谱汇总至同一数据库将显得杂乱无章。因此，在整合食谱时，建议按照主要类别进行归档，对每个类别设立专门的数据库并进行记录。可以基于地域菜系、功能性菜品或核心食材等进行分类。

02 在每个详情页中添加对应的食谱内容。单击数据库中的Page 1，进入第1个详情页，如图10-5所示。

03 将鼠标指针悬停于属性前，会出现图标，如图10-6所示。单击Created（创建日期）前的图标，在菜单中选择Delete property（删除属性），如图10-7所示。

图10-5

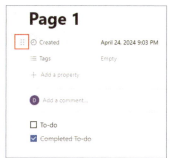
图10-6

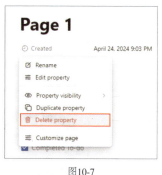
图10-7

04 删除后的效果如图10-8所示。同样，下面默认出现的待办清单也不需要，直接删除即可，如图10-9所示。

图10-8

图10-9

05 这里保留了Tags（标签），以便设置"简单""中等""困难"3种制作难度。单击Tags右侧的Empty（空），会弹出设置标签的界面，如图10-10所示。依次设置"简单""中等""困难"标签，如图10-11所示。将Tags重命名为"制作难度"，并更换前面的图标，如图10-12所示。

图10-10

图10-11

图10-12

06 标签已经设置完成，但尚未选择具体标签，原因是食谱内容尚未导入，此时还无法确定当前食谱的制作难度。假设在网上发现了一篇介绍党参黄芪炖鸡的制作方法的文章。接下来从文章中复制所需的文字和图片。如果该食谱以视频形式存在，则将视频嵌入。无论采用哪种形式，目的都是导入所需的内容。效果如图10-13所示。内容填充后，选择相应的标签。鉴于这款汤的制作难度适中，选择"中等"作为其标签，如图10-14所示。

图10-13　　　　　　　　　　　图10-14

07 如果仅仅是进行食谱的收集，现已足够。这里笔者额外引入一个属性，即上一次烹饪日期。通过记录此数据，能够明确知晓各菜品的最近食用时间，从而更加科学地规划饮食计划。单击Add a property（添加属性），如图10-15所示。在弹出的菜单中选择Date，如图10-16所示。将日期属性的名称更改为"上一次烹饪日期"，如图10-17所示。在每次烹饪完成后，及时填写相应的日期以便记录，如图10-18所示。

图10-15

图10-16　　　　　　　　　　　图10-17

图10-18

08 该食谱的详情页已经完成，读者可以根据个人喜好添加不同的属性进行记录。返回数据库页面，如图10-19所示。现在存在两个问题，分别是数据库的名称未修改和图片未适应画廊视图。该数据库用于记录"健康靓汤"，所以将其名称更改为"健康靓汤"，如图10-20所示。

图10-19

图10-20

09 单击数据库右上角的 图标，在弹出的菜单中选择Layout，如图10-21所示。激活Fit image，如图10-22所示。效果如图10-23所示。以后在网上发现心仪的食谱时，可以将其记录下来，并进行适当的分类。

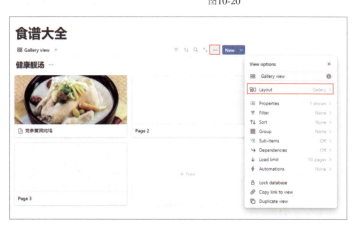

图10-21

175

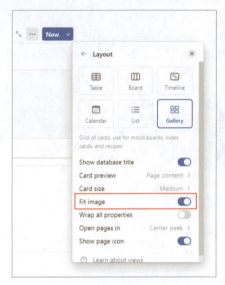

图10-22

图10-23

10.2 制作旅游计划

  读者在旅游时是倾向于参加旅游团还是选择自由行呢？选择跟团旅游的话，行程通常都是预先安排好的，无须自行制订详尽的计划。如果偏好自由行，强烈推荐使用Notion来制订出游计划。假设我们计划进行为期7天的自驾游，出发前需要确定目的地、携带的物品等。样例如图10-24所示，路线仅供参考。

图10-24

10.2.1 制作出行需求

01 创建一个新页面，修改标题并设置图标，如图10-25所示。按"/"键调出菜单，选择基础块中的Table来创建表格，如图10-26所示。本次使用的是普通表格而非数据库，实际上，使用哪种类型的块取决于个人的安排。创建表格后，页面如图10-27所示。

图10-25

图10-26

图10-27

02 计划出游7天，因此设置7行；根据需要记录的信息，设置3列，分别为天数、日期和地点，将出游计划的详细信息填入表格中，如图10-28和图10-29所示。为了优化表格的视觉效果，将列宽调整至适合展示文字的大小，如图10-30所示。

图10-28

图10-29

图10-30

03 从目前整个页面的布局来看，可以在表格旁边添加一张出游的图片，以优化视觉效果。按"/"键调出菜单并选择Image，插入图片并将其放置于表格旁，如图10-31所示。

图10-31

04 时间和地点已经记录完毕，接下来记录需要携带的物品。为此，可在此处设置一条分界线。虽然系统提供了多种块元素来创建分界线，但在这里将不使用这些预设块，而是直接使用文本来创建分界线。在页面中输入"行李清单"，如图10-32所示。选中这些文字，并在弹出的菜单栏中更改文字的背景色，如图10-33所示。

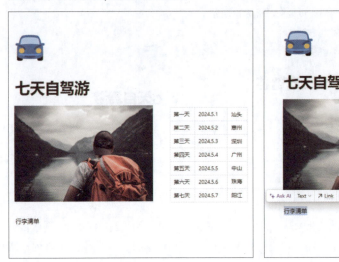

图10-32　　　　　　　　　　　　　　　图10-33

05 随意选择一种颜色，效果如图10-34所示。在文本末尾长按Space键，插入多个空格，如图10-35所示。这些空格同样会显示背景色，这样便创建了一条包含标题的分界线。

图10-34　　　　　　　　　　　　　　　图10-35

06 制作详尽的行李清单，列出所有必需品，以便出发前逐项核对。对于倾向于简便旅行的读者，可以使用待办清单来整理。如果计划进行一次精致的旅行，携带的物品较多，建议进行分类整理，即使用Toggle list作为分类标题，然后使用To-do list列出具体物品。按"/"键调出菜单并选择Toggle list，如图10-36所示。创建分类后，输入一个主要类别，例如"洗浴用品"，如图10-37所示。

图10-36　　　　　　　　　　　　　　图10-37

07 单击左侧的 ▶ 图标，展开内部内容。按"/"键调出菜单，并选择To-do list，效果如图10-38所示。列出所有需要携带的洗浴用品，如图10-39所示。

图10-38　　　　　　　　　　　　　　图10-39

08 按照上述方法再创建一条包含"各地特色"文字的分界线，如图10-40所示。

图10-40

10.2.2 制作出行攻略

01 从网络上搜集旅游攻略，筛选出必访的景点和必尝的美食店铺，并进行记录。使用画廊视图数据库来整理这些信息。按"/"键调出菜单，选择Gallery view，如图10-41所示，此时页面如图10-42所示。

图10-41　　　　　　　　　　　　　　　图10-42

02 建议为每个地点设置一个详情页，以便整合信息。以珠海为例，可以进入其详情页，删除不必要的元素，并添加所需内容，如图10-43所示。

03 返回页面，将数据库标题更改为"各地特色"，如图10-44所示。采用相同的方法，创建其他地点的详情页，为每个地点分别制作内容。这样，7日计划便完成了。

图10-43　　　　　　　　　　　　　　　图10-44

10.3 制作健身计划书

健身的路上，大多数人缺乏的是自律。无论是减肥还是增肌，想的时候很美好，实际行动时就很容易找各种借口拖延。这时可以用Notion制订一个健身计划，并严格执行，养成自律的习惯。样例如图10-45所示。

图10-45

01 制作健身计划书会用到日历视图的数据库。按"/"键调出菜单，选择Calendar view，如图10-46所示。修改数据库名称，如图10-47所示。

图10-46

图10-47

02 为什么要用日历视图数据库？因为健身每次锻炼的内容可能不一样，所以用日期作为单位并记录是比较合适的。将鼠标指针悬停于5月1日的格子上，会出现+图标，如图10-48所示。单击+图标，进入详情页，如图10-49所示。

图10-48

图10-49

03 制订当日的健身计划。鉴于每个人的体质和目标各不相同，建议根据个人情况，逐步制订适合自己的健身方案。本计划需保留两项关键属性：一个是日期，作为基础属性不可或缺；另一个是标签，用以标示"未完成"与"已完成"两种状态，如图10-50所示。以"增肌计划"为例，当天安排胸部训练，将计划的名称改为"练胸日"，并将Tags更改为"完成情况"，如图10-51所示。

图10-50　　　　　　　　　　　　　　图10-51

04 将安排的锻炼内容列入待办清单中，如图10-52所示。每完成一个锻炼项目，就勾选相应项目的复选框。此外，如果有特定的饮食控制需求，可将相关饮食控制事项添加至待办清单中。完成所有锻炼后，选择"已完成"标签，并确保所有项目均已勾选，如图10-53所示。

图10-52

图10-53

05 返回日历视图,如图10-54所示。根据个人情况,将整个月的健身计划填写完整,如图10-55所示。

图10-54 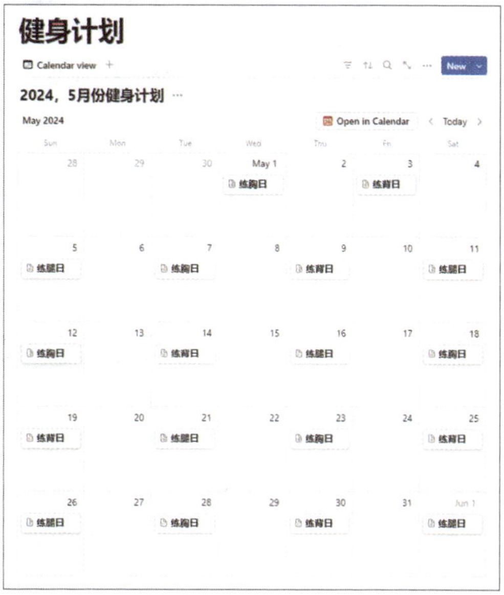　　　　　　　　　　　　　　　　　　图10-55

10.4　个人兴趣管理

每个人都拥有独特的兴趣爱好,有的人将爱好作为休闲娱乐,而有的人则会逐渐加深其参与程度。利用Notion进行个人兴趣管理,不仅可以使我们的娱乐活动更加合理,还能增加娱乐时的乐趣。

下面以足球为例,展示如何通过个人兴趣管理提升娱乐活动的趣味性。作为一个足球爱好者,与足球相关的事物自然会成为兴趣。在此将采用数据库来整理相关信息。例如,笔者会记录自己购买的各种足球装备和用品,包括球衣、球鞋等,并收集足球相关的纪念品和玩具。对于这些信息,可创建一个专门的数据库进行记录。样例如图10-56所示。

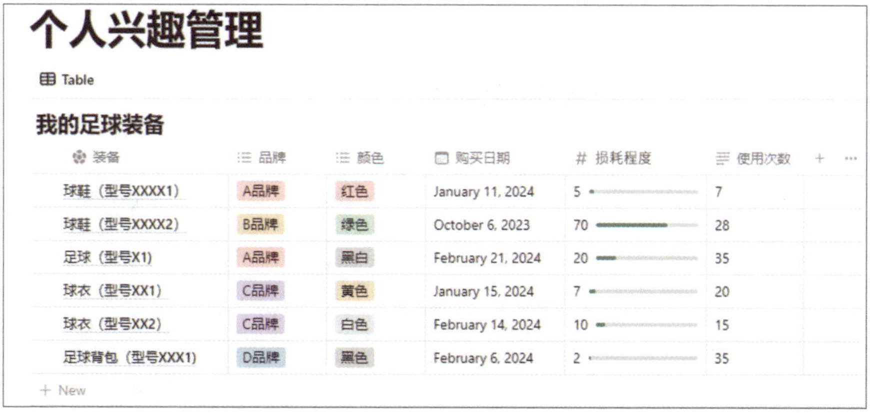

图10-56

01 在新页面创建一个基础数据库，并将其命名为“我的足球装备”，如图10-57所示。该数据库用于整理和记录所有与足球相关的装备。

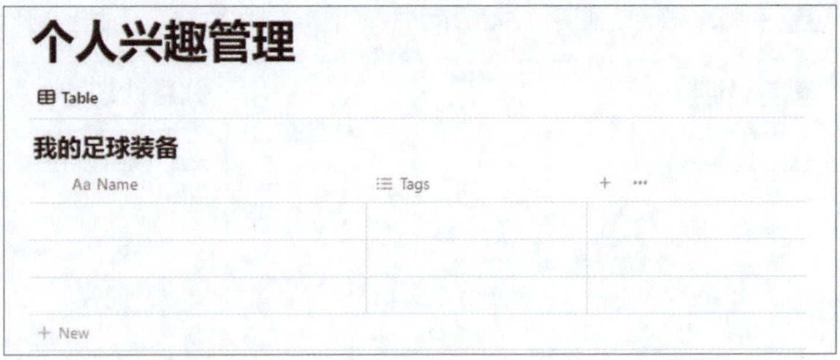
个人兴趣管理
Table
我的足球装备
Aa Name
Tags
New

图10-57

02 第1列用于记录个人拥有的所有装备。每当购买新装备时，便将其添加进去，如图10-58所示，现已初步添加了几项。

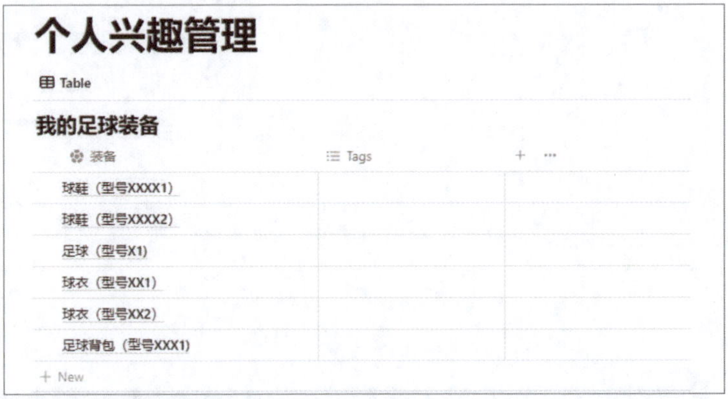
个人兴趣管理
Table
我的足球装备
装备
Tags
球鞋（型号XXXX1）
球鞋（型号XXXX2）
足球（型号X1）
球衣（型号XX1）
球衣（型号XX2）
足球背包（型号XXX1）
New

图10-58

03 需要记录的信息包括品牌、颜色、购买日期、损耗程度和使用次数，如图10-59所示。其中，品牌和颜色将采用标签进行记录，购买日期则使用日期格式，损耗程度以百分比形式展示，使用次数则直接以文本形式记录。通过这种方式，能够清楚地知道何时可以购置新的装备，下一场比赛应选择穿哪双“战靴”，还能分析出哪些品牌或型号的装备更适合自己。所有相关属性填写完毕的效果如图10-60所示。

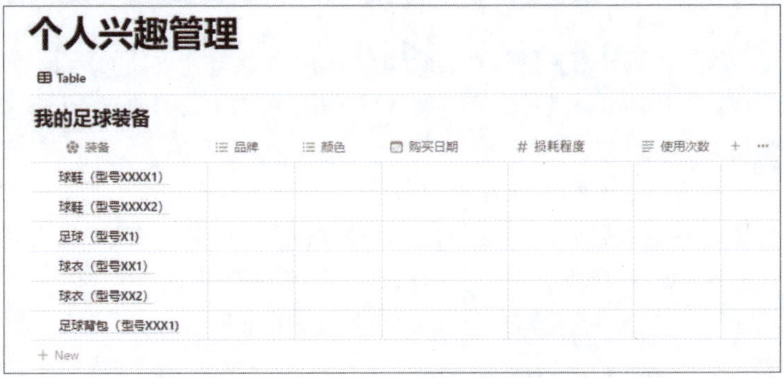
个人兴趣管理
Table
我的足球装备
装备
品牌
颜色
购买日期
损耗程度
使用次数
球鞋（型号XXXX1）
球鞋（型号XXXX2）
足球（型号X1）
球衣（型号XX1）
球衣（型号XX2）
足球背包（型号XXX1）
New

图10-59

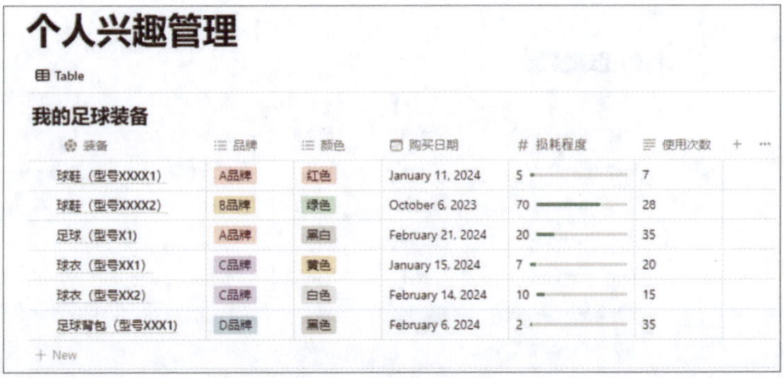
个人兴趣管理
Table
我的足球装备
装备 品牌 颜色 购买日期 损耗程度 使用次数
球鞋（型号XXXX1） A品牌 红色 January 11, 2024 5 7
球鞋（型号XXXX2） B品牌 绿色 October 6, 2023 70 28
足球（型号X1） A品牌 黑白 February 21, 2024 20 35
球衣（型号XX1） C品牌 黄色 January 15, 2024 7 20
球衣（型号XX2） C品牌 白色 February 14, 2024 10 15
足球背包（型号XXX1） D品牌 黑色 February 6, 2024 2 35
New

图10-60

10.5 记录宝宝成长

记录宝宝成长是一件令人愉悦的事。许多父母会记录宝宝从出生到成年的每个阶段，将不同的照片作为纪念。在互联网尚未普及的年代，人们常用相册保存这些珍贵的瞬间，翻看那些泛黄的照片总能勾起无限回忆。随着互联网的发展，许多年轻的父母开始使用电子相册来存储这些图片。近几年，除了拍照，将宝宝的成长过程制作成视频并发布在社交媒体平台上也变得流行。

就个人而言，笔者更倾向于使用Notion进行记录。Notion在文档管理功能方面远超一般社交媒体平台，并且可以提供免费的云存储服务来保存照片和视频。样例如图10-61所示。

图10-61

01 创建一个名为"某宝宝成长记"的页面，并设定图标和封面，如图10-62所示。

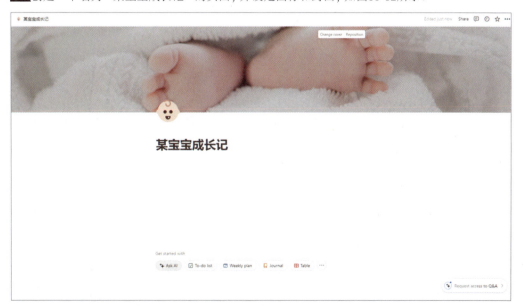

图10-62

02 日历视图的数据库非常适合用来记录日常活动，根据具体日期记录宝宝的日常情况、照片和视频。按"/"键调出菜单，创建一个日历视图的数据库，如图10-63所示。将数据库的标题修改为"宝宝的每一天"，如图10-64所示。

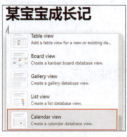

图10-63

图10-64

03 可以通过添加文本、照片和视频来进行日常记录。值得注意的是，在插入视频时，不建议直接上传本地文件。由于视频文件较大，且免费版Notion的存储空间有限，推荐将视频上传至视频平台，并通过插入链接的方式添加到页面中。此外，该页面不仅可用于记录宝宝的日常，还可以添加其他相关内容以充实页面，例如可以详细记录宝宝的服饰、玩具、饮食和节日活动等。只要内容符合喜好，便可随意添加。笔者创建了一个画廊视图数据库，如图10-65所示，以展示多样化的内容。

04 使用画廊视图来记录宝宝的每次生日，并将相应的标题进行修改，如图10-66所示。每次生日的记录都将存放于此。除了使用数据库进行记录，我们还可以手动配置各种块以创建一个美观的页面，或者选择一个模板进行修改，以记录宝宝的各种信息。

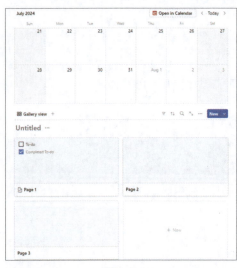

图10-65

图10-66

> **技巧提示** 在宝宝的成长记录中还可以记录所有与育儿相关的知识，包括早教、幼教、营养摄入、思维培养等方面的信息。由于相关内容极为丰富，这里不一一展示，但基本上都可以通过数据库来记录。如果记录了一些较长的关于育儿的文章，AI总结功能可以为我们提供帮助；如果我们想学习海外的育儿知识，AI翻译功能也能助我们一臂之力。总之，使用Notion进行宝宝成长记录，就像为宝宝创建了一个小型百科全书，既有趣又富有教育意义。

10.6 制作营养饮食计划

在当今社会，不当的饮食习惯普遍存在。许多人未能有意识地控制饮食，常见的问题包括挑食、暴饮暴食，这些行为可能导致肥胖、营养不良、某些营养元素超标或不达标等问题。因此，建议学习并重视科学饮食。

对于缺乏专业营养知识的普通人，建议利用网络资源来制订科学的饮食计划。可以查找关于每日蛋白质摄入量的标准，然后查询不同食物中的蛋白质含量。通过这些数据，可以更科学地安排每日的营养摄入。样例如图10-67所示。

图10-67

01 创建一个名为"营养饮食计划"的页面，自定义图标和封面，如图10-68所示。通过这种方式，可以更直观地管理和跟踪自己的饮食计划，从而达到均衡营养的目的。

图10-68

02 目前需要构建两份表格，一份是人体每日所需营养表，另一份是各类食物的营养成分表。创建一个基础表格，如图10-69所示。虽然可以使用数据库完成此任务，但此处选择简单的表格形式。根据需求设定表格的列数，并填入相应数据，如图10-70所示。

> **技巧提示** 图10-70所示为从互联网上收集的资料。每个人的性别、年龄、身高和体重各不相同，所以此表仅供参考和演示之用。请根据个人具体情况查询详细数据。

图10-69

图10-70

03 创建一个表格来记录常见食物及其营养成分,如图10-71所示。由于食物种类繁多,此处仅做简要展示,详细数据请参阅相关文献。如果在收集资料的过程中遇到难以查找的数据,可以询问AI。例如,如果自己无法找到100克香蕉中的膳食纤维含量,可通过AI查询问题。此类数据通常可以在网络中找到,AI的回答具有较高的准确度。

图10-71

04 现在已经拥有两张表格,可以依据这些表格来制订营养饮食计划。根据个人的具体需求,例如调理身体、增加体重或减少体重等,可以相应地调整营养摄入。例如要实现减少体重这一目标,将使用数据库来创建营养饮食计划,具体方法是建立一个带有日历视图的数据库,如图10-72所示。

图10-72

05 在详情页中安排每一天的饮食。进入1日的详情页，如图10-73所示。保留日期、标签等属性，如图10-74所示。如果当天摄入的营养少于或者超出目标，就添加"未达标"的标签；如果正常按照饮食计划进行，营养达标了，就添加"已达标"的标签。

图10-73 　　　　　　　　　　　图10-74

06 除了标签属性，读者还可以根据个人喜好设定任何属性以进行记录。通常在详情页，会使用待办清单列出当天计划食用的食物。如果按照计划进食，则在相应食物旁打钩；如果未按计划进食，则不打钩；如果额外食用了其他食物，则需进行说明。效果如图10-75所示，将当天要吃的食物一一列举。

07 如果早餐和午餐均按计划进食，在相应位置打钩，如图10-76所示。由于晚间外出应酬，未能按计划进食，在下方进行说明，如图10-77所示。

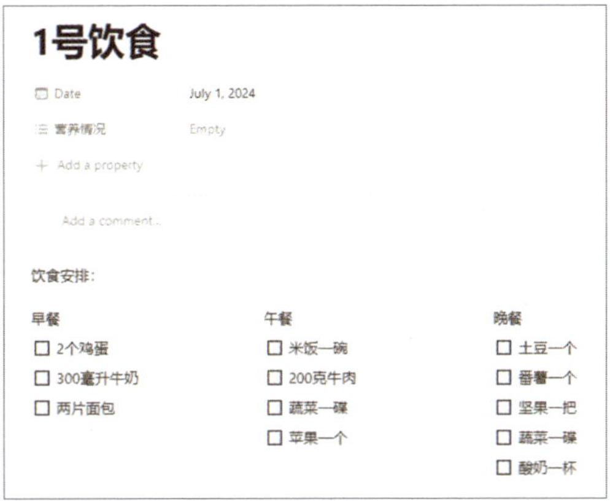

图10-75

图10-76 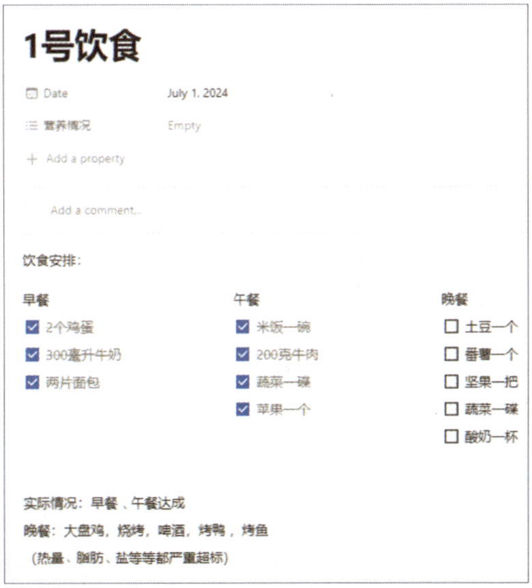　　　　　　　　　　　图10-77

08 选择标签为“未达标”，接着添加评论，如图10-78所示。由于今日营养未达标，需提醒自己注意健康饮食，并监控营养摄入情况。

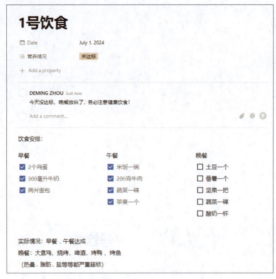

图10-78

10.7 制作个人藏品集

许多人热衷于收藏各式各样的物品，收藏方式也各不相同。有些人可能将藏品整齐地放置在展示柜中，有些人则可能将其陈列在工作台上，还有些人甚至专门用一个房间来存放物品。然而，关于藏品的详细记录，很少有人会予以足够的重视。可以记录每件藏品的来源，并记录其类别、历史背景、意义以及独特之处等信息。也可以记录该藏品的当前市场价值，观察其是否存在升值的可能。现在，我们可以使用Notion创建一个个人藏品集数据库，使收藏过程更加有趣和专业化。Notion的数据库功能极为强大，非常适合用来管理此类信息。样例如图10-79所示。

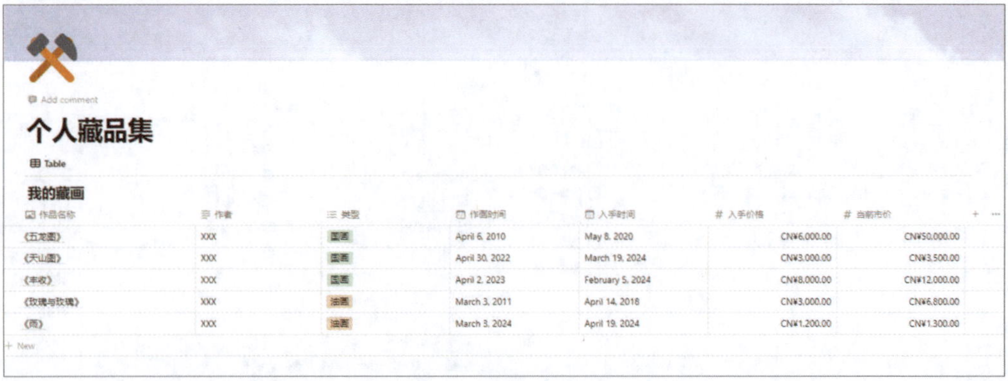

作品名称	作者	类型	作画时间	入手时间	入手价格	当前市价
《五龙图》	XXX	国画	April 6, 2010	May 8, 2020	CN¥6,000.00	CN¥50,000.00
《天山图》	XXX	国画	April 30, 2022	March 19, 2024	CN¥3,000.00	CN¥3,500.00
《丰收》	XXX	国画	April 2, 2023	February 5, 2024	CN¥8,000.00	CN¥12,000.00
《玫瑰与玫瑰》	XXX	油画	March 3, 2011	April 14, 2018	CN¥3,000.00	CN¥6,800.00
《雨》	XXX	油画	March 3, 2024	April 19, 2024	CN¥1,200.00	CN¥1,300.00

图10-79

01 创建一个新页面，设置好标题、图标和封面，如图10-80所示。

02 有些人专注于收藏单一种类的藏品，而有些人则涉猎多种类的藏品。为了便于管理，将所有藏品汇总到一个页面中，并为每个种类的藏品配置一个独立的数据库。考虑到页面可以进行无限嵌套，使用单一页面来整合整个藏品集可使界面更为简洁。创建一个基础数据库，如图10-81所示。假设该数据库用于记录个人藏画，可以按照图10-82所示的效果修改数据库的标题。

图10-80

图10-81

图10-82

03 画作有多种类别，如国画、油画、石版画等。如果收藏品类繁多，建议为每一类别设立独立的数据库；如果仅收藏少数几种画作，可以使用单一数据库记录所有收藏品。例如仅收藏国画和油画，则一个数据库足以满足需求。记录下各作品的名称，如图10-83所示。

图10-83

04 下面将记录画作的作者、类型、作画时间、入手时间、入手价格以及当前市价。针对这些不同的属性，为每个列设置相应的数据类型，设置"作者"列的类型为Text，"类型"列的类型为Tag，"作画时间"和"入手时间"列的类型为Date，如图10-84所示。

图10-84

05 设置价格信息。将现有的内容填好，如图10-85所示。新建一个列，选择Number类型，如图10-86所示。选择42 Number，如图10-87所示。

06 选择Number format（数字格式），如图10-88所示。在弹出的菜单中选择Yuan（元），如图10-89所示。

图10-85

图10-86

图10-87

图10-88

图10-89

07 返回数据库，准确填写入手价格和当前市价，如图10-90所示。此时，藏品的基本信息已经完整记录。可以根据个人需求，继续添加不同的属性。接下来，进入每个藏品的详情页并添加相关信息。此外，还可利用AI功能对搜集到的资讯进行总结，并对海外资讯进行翻译，这些功能已在前文中有所展示，故在此不再详细演示。

图10-90

10.8 制作"购物排雷宝典"

在日常购物时，常会发现在购买前，广告的描述听起来非常吸引人，让人感觉产品非常优秀。然而，购买后发现产品并不如预期，有许多令人失望的地方。由于生活中需要购买各种各样的物品，随着时间的推移，可能会忘记之前遇到的问题，导致再次遇到相同的问题。有时候这些问题并不完全是某个品牌或某个商品的质量带来的，而可能是因为某类产品不适合自身情况等。因此，可以考虑使用Notion创建一个"购物排雷宝典"，为购物决策提供参考，帮助我们理性购物，从而有效控制购买欲。样例如图10-91所示。

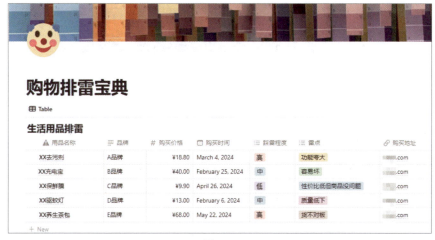

图10-91

01 在Notion中创建一个新页面，设置合适的标题、图标和封面，如图10-92所示。此外，建立一个基础数据库，并为其命名，如图10-93所示。以生活用品为例，不同的商品类别可以记录在不同的数据库中。这样的系统化记录不仅有助于我们避免重复购买不适合的商品，还能使购物更加高效。

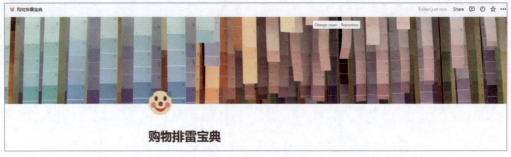

图10-92

图10-93

02 列出一些"踩雷"商品，如图10-94所示。

图10-94

03 既然是进行"排雷"工作,就应该详细记录相关的雷点信息,以避免再次"踩雷"。通常会记录品牌、购买价格和购买时间等信息,第2列用于记录品牌,类型为Text;第3列用于记录购买价格,需标明货币单位;第4列用于记录购买时间,类型为Date,如图10-95所示。

图10-95

04 这些均为基础信息。在此基础上需新增一列,命名为"踩雷程度",并设置3个等级,即"高""中""低",如图10-96所示。

图10-96

05 制作"购物排雷宝典"的目的是使以后的购物更加合理,其中关键的一环是发现商品的问题。因此,要对商品存在的问题进行归纳。在表格中新增一列,使用标签来标记。这里创建几个标签,分别是"货不对板""功能夸大""质量低下""性价比低但商品没问题""容易坏",如图10-97所示。读者可以根据产品实际存在的问题自行添加相应的标签。

图10-97

06 无论是在线下商店还是线上商店购买,都必须详细记录购买地点。对于线下商店购买,应使用文本形式记录;对于线上商店购买,则应记录网址链接。在数据表中创建新列,并选择URL作为列的类型,如图10-98所示。将所有相关的网址链接填入该列,如图10-99所示。

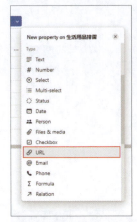

图10-98

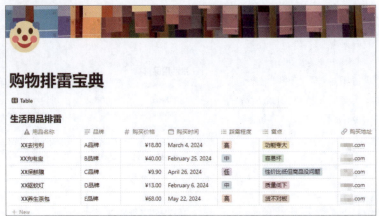

图10-99

07 拥有这些信息后,便能避免重蹈覆辙,每次购物都能参考过往的经验。例如,如果多次购买某个品牌或商店的产品,那么应当对其品质有所肯定。此外,在每个商品的详情页中,还可以记录挑选商品的相关知识。以"××去污剂"为例,可以查看其详情页,如图10-100所示,并补充相关的购买指南,如图10-101所示。总而言之,所有有用的信息都应记录下来。如果找不到资料,可以咨询AI。

图10-100　　　　　　　　　　　图10-101